家拖

——奋斗的人生最精彩

口述：金国忠

整理：金红霞　金万江

山东教育出版社

·济南·

图书在版编目（CIP）数据

家风：奋斗的人生最精彩 / 金国忠著 . -- 济南 ： 山东教育出版社，2022.10（2024.1重印）

ISBN 978-7-5701-2357-5

Ⅰ. ① 家… Ⅱ . ① 金… Ⅲ . ① 家庭道德－通俗读物 Ⅳ. ① B823-49

中国版本图书馆CIP数据核字（2022）第186884号

JIAFENG
—FENDOU DE RENSHENG ZUI JINGCAI

家风
——奋斗的人生最精彩

主管单位：山东出版传媒股份有限公司

出版发行：山东教育出版社

地址：济南市市中区二环南路 2066 号 4 区 1 号　　邮编：250003

电话：（0531）82092660　　网址：www.sjs.com.cn

印　　刷：山东黄氏印务有限公司

版　　次：2022 年 10 月第 1 版

印　　次：2024 年 1 月第 6 次印刷

开　　本：710 毫米 × 1000 毫米　1/16

印　　张：9.5

字　　数：106 千

定　　价：39.80 元

（如印装质量有问题，请与印刷厂联系调换）印厂电话：0531-55575077

序 《家风》出版正当时

在党的二十大召开之际，我收到了友人发来的马上就要付印的《家风》清样，将由山东教育出版社出版。作为孔孟之乡、齐鲁大地的出版社，而且是全国教育出版名社，能够隆重推出这本口述体的家风书，本身就值得庆贺！

更值得庆贺的是，党的二十大报告在"推进文化自信自强，铸就社会主义文化新辉煌"部分强调，要"提高全社会文明程度。实施公民道德建设工程，弘扬中华传统美德，加强家庭家教家风建设，加强和改进未成年人思想道德建设，推动明大德、守公德、严私德，提高人民道德水准和文明素养。统筹推动文明培育、文明实践、文明创建，推进城乡精神文明建设融合发展，在全社会弘扬劳动精神、奋斗精神、奉献精神、创造精神、勤俭节约精神，培育时代新风新貌。"《家风》这本书的出版，正好向二十大献礼，同时体现了山东教育出版社工作的前瞻性。

纵观全书，莫不生动体现了"中华传统美德"，体现了"劳动精神、奋斗精神、奉献精神、创造精神、勤俭节约精神"，是"家庭家教家风建设"的好教材，是"加强和改进未成年人思想道德建设"的好教材，是"实施公民道德建设工程"的好教材，也是"提高人民道德水准和文明素养"的好教材。一页页翻阅，主人公和家庭成员"明大德、守公德、严私德"的点点滴滴，生动有趣，感人肺腑。

近年来，我一直在倡导老年人写回忆录。原因是，"寻找安详小课堂"十年的公益实践，让我深刻认识到，青少年抑郁症发病率的增长，居高不下的离婚率，有多种原因，但其中最重要的原因之一，就是家庭家教家风出了问题。而要加强家庭家教家风建设，家训就很重要。可是，我们又不能像古代大家族那样去写家训，怎么办？爷爷奶奶写回忆录，就是一个好办法。同时，老人在写回忆录的过程中，可以让退休生活充实，没有失落感。当他想到，他的回忆总结了一生的经验教训，让孩子学好的，避免不好的，就有一种价值感、成就感，觉得自己还是宝，不是草。从心理学的角度讲，当老人回忆到父亲，他就变成儿子，回忆到爷爷，他就变成孙子，变成儿子时，他的心就成为儿子态，变成孙子时，他的心就成为孙子态。这种儿子态、孙子态，让生命重新获得朝气、生机，从而让人变年轻，变健康。对于子孙后代来讲，读回忆录，知道老人创业之难，就会更加珍惜来之不易的幸福生活，借鉴老人的经验教训，就会少走弯路。可是，不少人向我反馈，想写，但是水平有限。我就建议，让老人口述，后代整理。

现在，一本沉甸甸的《家风》摆在我的案头，让我看到了典范。今后在全国讲课，特别是到老年大学讲课，就可以拿它作为范例了。当大家看到一本成型的书时，自会增加信心。

从中华传统美德来讲，子孙们整理老人的回忆录，本身就是尽孝。《中庸》讲："夫孝者，善继人之志，善述人之事者也。"

自和友人结识以来，他的家国情怀、好学敬业、诚信友善，特别是宁静淡泊的心态，都是我学习的榜样。尤其让我感动的是，有一年腊月，他来看望我，一见面就说："你看，这本《寻找安详》我一直在兜里装着，书皮都磨旧了。"那是当年中华书局出版的袖珍精装版。他打开，一页页翻给我看。当我看到，几乎每页上面都有他的批注时，一股暖流就从心里升起。当我看到，这是出差上海途中，读到此页，感想如何；这是出差北京途中，读到此页，感想如何，等等这些日记式批注时，就有一种高山流水的大欣慰。常言说，人生得一知己足矣。现在，知音就在眼前。

此后，我就常常看到他的一些随笔。大多是在出差途中发给我的。让人觉得，他是把人生当审美度过的，包括特别繁忙的工作。

我常常想，他身上的这些美德，从何而来？看了《家风》，才知道都是有"出处"的，有"来源"的，才知道家庭家教家风的重要性。

山东教育出版社曾经出版过我的《〈弟子规〉到底说什么》和文集修订本《郭文斌精选集》，无论是编校质量、装帧设计，还是服务态度，都堪称一流。相信，这本《家风》将在他们强有力的推动下，为新时代家庭家教家风建设做出新的贡献。

是为序。

郭文斌

（本文作者系宁夏文联主席、宁夏作协主席）

目 / 录

2008年5月，金国忠和夫人莫秀英在延安清凉山

引 / 子

公元2021年7月1日。

举国欢腾，神州共庆。凤城银川大街小巷红旗招展、彩旗飘扬，到处洋溢着节日的喜庆气氛。

夏日的阳光照在窗台上，金黄的君子兰花和粉红的绣球花显得格外鲜艳，茶几上茶水升腾着热气，空气中弥漫着淡淡的茶香。一家老小围坐在电视机前，脸上的笑容随着电视画面中传出的优美乐曲在尽情舒展，满心的欢喜在心中荡漾。

电视里正在播放着庆祝中国共产党成立100周年大会的实况，党和国家领导人铿锵有力的声音通过电波从北京天安门城楼上传出，越过大江南北、长城内外，在神州大地上空久久回响。

"中国共产党成立100年了！不容易啊！"父亲饱含深情地喃喃自语，胸前的那枚由中共中央颁发的"光荣在党50年"纪念章在阳光的映衬下显得更加熠熠生辉。就在昨天，他刚刚参加了银川市金凤区庆祝建党100周年大会，并光荣地接受了这枚极具纪念意义、让他和家人倍感骄傲和自豪的沉甸甸的纪念章。

"是啊！一晃就100年了。共产党带领人民打江山真不容易，建

光荣在党50年纪念章

设新中国真不容易啊！"母亲也颇有感慨。

正如电视中所讲：100年来，中国社会发生了翻天覆地的变化，神州大地焕然一新。大家几乎是不约而同地说出了自己对中国共产党百年华诞的感慨：开天辟地，功勋卓著；政通人和，国泰民安；风调雨顺，五谷丰登；繁荣富强，兴旺发达；大道康庄，前程锦绣。

"没有共产党就没有新中国！"

"千真万确！"

100年来，中国社会发生了巨大变革，国家的各项事业蒸蒸日上，繁荣兴旺，到处是一派欣欣向荣的景象。

"有了共产党，中国人民就有了主心骨，中华民族的前途和命运就焕然一新。"

正是有了共产党，中国人民才获得解放，从站起来，到富起来，正在向强起来奋进。14亿多中国人民昂首迈进了中国特色社会主义新时代，中华民族开启了伟大复兴的新征程。

用父亲的话说："出什么国？就我们这么大的国家、这么大的发展变化，难道还不够看的吗？"

国运昌盛，也给每一个中国人带来了家运兴旺。

身为中国人，双脚站立在中国这块土地上，每一个人，每一个

2021年7月，金国忠参加银川市金凤区庆祝建党100周年大会

家庭，满满的幸福溢于言表。

吃水不忘挖井人，党的恩情万年长。在全家人看着电视直播、回忆过去的峥嵘岁月、展望未来的美好前景之际，一家人最大的、共同的感受用3个词概括就是：感恩、珍惜、奋斗。

感恩中国共产党，领导中国人民实现了民族独立、国家富强、人民幸福。感恩我们的国家，东西南北，守望相助；各族人民，亲如一家；社会和谐，国家安定。感恩伟大的时代，让中国人民不仅站起来、富起来，而且正在强起来，中华民族正以前所未有的自信屹立于世界民族之林。也感恩我们的家人，无论在什么时候都不忘亲情，相亲相爱，相互扶持，携手同进。

珍惜这来之不易的幸福生活，珍惜过去不平凡的经历，珍惜国家创造的安定环境，珍惜组织给予的每一份荣誉，珍惜身边的一物

2019年冬，金国忠和夫人莫秀英参加所在支部主题党日活动

一品，珍惜每天的一粥一饭，珍惜帮助过自己的每一个人，珍惜亲情、爱情和友情。

奋斗的人生最精彩，奋斗的人生最有意义。社会主义是干出来的，幸福都是奋斗出来的。天上不会掉馅饼，幸福不会从天降。日子艰苦时要奋斗，日子好过时更不能忘记奋斗。年轻时要奋斗，年纪大了仍然要奋斗。要不懈奋斗、接续奋斗、永远奋斗。正所谓：生命不息，奋斗不止。

"永远听党话，有国才有家。大到一个政党，小到一名党员，大到一个国家，小到一个家庭，都是一样的。大河有水小河满，大河无水小河干。共产党好，中国才会好！国家好，大家才会好！每个家庭才会好！年轻人千万不要忘本，千万要记着感恩、珍惜和奋斗。"父亲一字一句郑重地叮咛着子辈和孙辈。

"哎哟哟！你真不愧是名老共产党员。"母亲笑着说。

"老妈，你怎么不说我爸还是个老队长呢？"小哥接过老妈的话。

"对啦，我爸还是个老矿长和老厂长呢！"大哥说。

"还是个老农民。哈哈哈！"大姐接过大哥的话。

"农民咋啦？往上数三代，大家都是农民呢！"父亲笑着答道。

"哈哈哈！"全家人开心地笑着。

"今天真高兴，我们共同学习了党史。现在，我再给你们讲讲家史，讲讲家风，也好让你们不要忘了本，不要忘了我们过去从哪里来，现在身处在何地，将来要向哪里去。"

"我们家……"

父亲讲述着家史家风，大家都静静地坐在沙发上侧耳倾听。太阳不知不觉地偏西了，屋内君子兰和绣球花的影子在向东慢慢移动，直到夜幕悄悄降临。华灯初上，万家灯火时，父亲还在讲述着我们的家史家风，讲述着做人做事的道理，讲述着家庭建设的美好前景……

"老爸讲得真好！应该记录下来。"大家都说。

"如果有可能，还可以出本书。经常翻着看看，教育家人，也算是记住家史乡愁、传承优良家风吧！"大姐说。

"好！这个这主意好！"

"只是，书名叫什么呢？"小妹问。

"老爸从咱们国家讲到了咱们这个小家，所讲的家史就是一部艰苦奋斗史，更是激励我们这些小辈接续奋斗的家史。干脆就用《家风——奋斗的人生最精彩》来作书名吧！"小哥说。

"好！好！就用这个书名！"大家都赞成这个提议。

随后，兄妹几人将父亲口述的家史家风进行了整理。

于是，便有了下面这些家话。

自／序

　　过去常听老人讲"人生七十古来稀"，意思是自古以来人活到七十岁是一件很稀罕的事情。而我今年已经七十八岁了，说起来也算是一把年岁了。但是看看我周围，还有那么多八九十岁的老人，和他们相比，我反倒显得年轻了。现在生活条件好了，人活百岁都不稀奇了。我总觉得，我们这一代人虽然吃过不少苦，但还是赶上了好时代。国家繁荣昌盛，人民幸福安康。我们是幸运的，比起我们的父辈来，那真是天上和地上的差别，不知道要强多少倍呢！所以，我常对小辈讲，要珍惜现在来之不易的幸福生活，更要学会感恩。感恩共产党，感恩国家，感恩这个好时代。这绝不是什么说教、讲大道理。没有比较，就没有深切的体会。只有经过苦难生活的人，才能说出这样发自内心深处真诚、质朴、实在的感受。

　　人老了，总是爱想想过去。想想我这辈子所走过的路、所经历的事，那真是感慨万千。人活一世很不容易，要经过多少风雨、多少坎坷。平平安安地活在世上，还要活出个模样来，活得有价值、有意义，真是太不容易了！从小就听老人讲："雁过留声，人过留名""人活脸，树活皮，墙上和的是一层泥。"人生在世，名誉是最主要的。

2009年1月，金国忠夫妇在北京

钱财是身外之物，生不带来，死不带走，要看淡点，不能看得太重。一个人真正能带走的，只有自己的名声、名誉。人穷志不能短，有钱了更要爱惜自己的名誉，不能只图钱、不讲仁义道德。那样，即使你有钱了，也会让别人瞧不起。我这大半辈子家里经济条件一直不是很好，直到近十几年几个子女都成家立业了，没有多少拖累了，国家又给我们提高了退休工资，我们家的条件才有了大的改善。尽管大钱没有，但是我们衣食无忧、生活不愁，已经很知足了。回过头来看，我们这一辈子苦是苦了一点，但我们过得很充实、很踏实。为国家、为社会做了一点自己应该做的，也算是上对得起国家、对得起父母，下对得起子女，也对得起身边的亲戚、朋友和同事。最起码的一点，我们家在周围人的评价中是很好的。别人一说起我，说起我们家的人，说起我的几个子女，都是跷大拇指的。我最看中这一点了。

我常和子女们说，人要知足。知足常乐！在生活上我们要知足，向低标准看齐，不要和别人比吃比穿，那些都浮夸得很，没有意义。只有有了知足常乐的心态，才会活得坦荡、自信、从容，也才会活得踏实、自在、开心。如果总是贪心不足，就会活得很累，也有可能要想歪点子，就有可能出事。贪财之人，最终都没有什么好结果。恰恰是不贪财、内心知足的人，才能平平安安地过一生。

我说的人要知足，主要是说在生活条件上、在钱财方面要知足。在事业上、在工作上，还要向高标准看齐，要不知足，要有上进心，不能好吃懒做、不思进取，那样就没有出息，别人也会看不起你。作为年轻人，特别要有上进心。年轻的时候不努力、不好好学习、不好好工作，一辈子就算完了。另外还有一点，就是在自身的修养上，还要知不足。要经常反省自己，多找自己的缺点和不足，多看别人的优点和长处。俗话说得好："尺有所短，寸有所长"，要多向别人学习，特别是要多向比你强的人学习，多学习别人的长处，来补自己的短处。只有这样，你才能不断地提高、进步。

人这一辈子真是太短了。年轻时的一些理想、抱负还没有实现，一转眼人就老了。岁数一大，很多事情明显就有心无力了，甚至连心劲儿也不足了。这是自然规律，谁也没办法，只能顺其自然

2004年春节，全家福

了。但有一点是不能变的，那就是：人要活到老、学到老、思想改造到老；做人的底线一定要守住，而且要坚守一辈子！

　　我这一辈子没有干过什么惊天动地的大事，但也没有干过什么对不起先人和良心的坏事。闲来没事，我就想把我们家的历史、我们这一辈子经历过的事情记下来，也好让子女、小辈们知道自己是从哪里来的，人生道路应该怎么走，不要忘了根、忘了本。这一点，往小里说，是对我们这个家、对小辈们的未来发展都有好处；往大里说，也是对国家、对社会、对弘扬良好家风的一点贡献。

我的祖上

从相关资料可以得知，"金"姓是一个非常典型的多民族、多源流姓氏。最为普遍的说法是，金姓出自少昊金天氏。相传少昊是上古五帝之一，是黄帝的己姓子孙，少昊死后被尊为西方大帝。按照古人的五行学说，西方属金，所以少昊又有金天氏的称号。他的后裔就有以金为姓的。另一种渊源，"金"姓出自西汉时匈奴休屠王太子金日磾之后。匈奴休屠王的儿子叫日磾（音"密迪"），在汉武帝时，归顺汉室。由于他曾铸铜人像（又称金人）以祭天，遂被赐姓"金"氏，称金日磾，从此他的子孙就统统姓了金。还有一种渊源，说"金"姓为刘姓改姓而来。五代十国时期，吴越国（十国之一）开国之王钱镠的"镠"与"刘"为同音字，为了避嫌，便将吴越国中的刘氏改为金氏。金氏的郡望为彭城郡。西汉地节元年改楚国为彭城郡。东汉章和二年改为彭城国，治所在彭城。南朝宋改为郡。金氏的堂号是"丽泽堂"。宋朝时的金履祥擅长濂洛之学，曾在丽泽书院讲学，所以称"丽泽堂"。金姓又有以"彭城""京兆"为其堂号名的。

2013年8月，金国忠和家人在甘肃张掖

历史上金氏的姓源较多、迁徙分布较广。金姓最早的一支源于上古时的少昊。少昊自穷桑登帝，后徙曲阜。穷桑在今天山东曲阜市北。新罗（朝鲜古国名）与高丽、百济并立，其国王姓金。金日磾家族居住在长安，累世官宦。南北朝时，金氏有迁至今甘肃境者，如北齐大都督金祚，就是安定人。唐朝贞观年间所定益州蜀都三姓之一有金氏，汾州河西郡四姓之一有金氏。宋明时期，南方的金氏除在今浙江、江苏一带发展外，还分布于今天的江西、安徽、湖南、湖北、福建、广东等省；北方的河南、河北、辽宁等省也都有金氏的聚居点。从清朝嘉庆年间开始，闽、粤金氏陆续有人迁至台湾，此后有的迁居海外。以上说法，从百家姓资料中都能查到，也算是对"金"姓渊源的一个大体描述吧。

从实际情况来看，金姓主要分布在长江流域和东北地区。南方江浙一带姓金的也很多，出了不少名人。在北方姓金的很多是少数民族，有回族的，有朝鲜族的，也有满族的，还有蒙古族的，但是汉族的不多。河南、陕西、甘肃一带有姓金的汉族。在宁夏人中姓金的大多都是回族，世居的金姓汉族除了我们这一支，别的我还没有遇到过。

听老辈人讲，我的祖上是个戍边的武将，曾带兵打仗，人高马大，身材很魁梧，力大无比，曾经把两头顶角的牛，硬是从中间给分开了。小的时候还隐隐约约听老辈人讲，我们这个姓好像和《岳飞传》里讲的那个与岳飞打仗的金兀术有关系。金兀术是东北的女真人，姓完颜，又叫完颜兀术，本名叫完颜宗弼，和金太祖完颜阿骨打第三个儿子完颜宗辅都是金朝的宗室。金朝和宋朝交战多年，金兀术带领金朝的兵马和宋朝打仗，一直从东北打到了西北陕西、甘肃一带。后来金兀术的一部分部下奉命在庆阳、环州一带驻扎留守，就这样在陕甘一带定居了下来。金朝后来被元朝灭亡，为了躲避祸乱，驻扎留守在陕甘一带完颜部的一部分女真人，改原来的女真姓"完颜"为汉姓"金"。历史上，女真人曾经先后建立过两个朝代：一个是金朝，一个是清朝。清朝的皇帝姓爱新觉罗，爱新觉罗就是"金"。清朝把比他早五百年的金朝叫作"前金"，把自己叫作"后金"。皇太极时，清朝把自己原来"女真人"的称呼改为"满洲人"。我常想，历史长河川流不息，时代车轮滚滚向前。我的祖上是否和金兀术有关系已经不重要了，且年代久远，尚待考证。重要的是，当年那些不同地域、不同民族的人们，经过长期的交往、交流、交融，早已成了一家人，成了中华民族共同体。我们的祖先、我们、我们的后辈，无论身在何处，都是中华民族的一份子，都要为国家的繁荣富强，为中华民族的伟大复兴贡献自己的力量。

我的老家惠农燕子墩地处宁夏北部。明朝时，为了防御北方少数民族，这里修筑了城墙，城墙沿线还建了许多城堡、烟墩（即烽燧），用来守卫边防和传递军情。燕子墩即是其中一座烟火墩，后因年久失修，渐被废弃，烟墩上常有燕子垒窝，当地百姓便称其为"燕子墩"。这里在明朝洪武至清朝雍正年间，是一片人烟稀少的荒芜之地。清康熙年间，得到朝廷恩准由鄂尔多斯西渡黄河到这里

"暂行游牧"的蒙古人，给这里起了一个蒙古地名，叫查汉拖护，也有写作查汉拖辉、查汗托护、插汗拖灰的，蒙古语的意思是"白色的草滩"。由此也可以看出，当时宁北这一片地方多为荒滩，耕地很少，盐碱化程度比较严重。到了清雍正年间，时任川陕总督岳钟琪奉命和主持宁夏水利事务的兵部侍郎通智一起，奏请朝廷同意，开挖了自河西寨到石嘴子的皇渠（也就是惠农渠，因为流淌的是黄河的水，老百姓都叫它黄渠，黄渠桥、黄渠拐子等名称就是这么来的）。惠农渠挖通了，朝廷在原查汉拖护地方新设立了两个县治——宝丰县和新渠县，并发布公告，招户垦田，且组织了几次大规模的移民到这里耕田种地。我的祖上就是在那个时候，由陕甘庆阳环县一带，搬迁到了宁夏平罗县北、惠农渠以西、西河沟以东的外西河堡，即现在的惠农燕子墩。

我的祖上刚搬到外西河堡的时候，家业还比较殷实，家族也比较大，人也比较多。那个时候，地广人稀的宁北地区一下子涌入大量移民，加之朝廷的管理很不到位，社会还比较乱，经常有土匪来打家劫舍。为了防范土匪和盗贼，族人们一起商议，自己动手，拉黄土夯建了个土堡子。堡子墙有五米左右高，四周有近百米，这就是外西河堡金家庄的老庄台子。堡子外东南十来米处，打了一口青石围沿的水井，全族人饮水、洗衣、饮牲口全靠这口井。

我们金家老庄的堡子，其实就是一个很大的四合院。堡子的大门开在东南角，大门的条石被进进出出的人们和牲畜踩踏得十分光滑。一进大门，迎门是一面照壁，照壁正中是一幅圆形的牡丹花卉砖雕，四角是蝙蝠砖雕。大门右侧有两间耳房，里面放着各式农具和拴牲口的辔头、套包、鞍子等杂物。大门左侧有一个砖雕镶边的月亮屏门，过了这道屏门，就是外院。外院南侧紧贴堡子南墙的先是几间马厩，马厩石槽的栏杆上经常拴着几匹马、骡子和驴。紧挨马厩的是一排倒座房。这里住着族里稍大一点的男孩子及前来投靠或串门的亲戚朋友。倒座房西头靠堡子墙角最厚处，是两间放粮食和牲畜饲料的仓房，为的是更好地防火防盗。外院的正北，是一座垂花门，也就是二门。垂花门有两层石台阶，台基上靠门两侧立着两个石鼓门墩，门框顶上有两个门档，门檐枋上涂着花花绿绿的油彩，十分好看。跨过了二门，就到了内院，我们叫前院。二门内侧两边是抄手游廊，夏天的时候，族人经常坐在这里吃饭、乘凉或聊天。内院正北是一排五开间的正房。中间一间是堂屋，梁上挂着"明德堂"牌匾。左右各两间，分别住着族中辈份大的兄弟俩。内院东西两侧各有一排厢房，依辈序住着几房人。厢房两侧都有两间耳房，是用来做厨房和仓房的。内院正当间摆着一个很大的黑釉陶瓷海子，里面装满了水，有时我们也会从渠沟里抓几条鱼放在里面。内院四角各种了四棵沙枣树，后侧和耳房中间，各开一个砖雕镶边的小门。过了这两个小门，就到了三进院，我们叫后院。三进院的东西两侧各有一排厢房，依辈序住着后院的几房人。正北面是一排后罩房，住着后院的长辈和孙子孙女们。后来，为了进出方便，族人在后罩房的西侧又开了一扇后门。出了后门，就到了堡子的外面。

我小的时候，经常在堡子墙上跑着玩耍。新中国成立后，因为搞农田水利建设，堡子被拆了，夯土都被拉着垫田园了。前些年，我回老家，在堡子的地基里仍然还能找到一些铺设的条石。看着自己儿时生活过的土堡子已荡然无存，不禁让人心生感慨。在当时，修那样一个堡子要费多少工时多少人力呀，拆了实在是太可惜了。

后来，我们燕子墩外西河金家庄人丁兴旺，逐步就分成了前院后院和渠上渠下两个支系。家族大了，人口多了，为了避免起名时辈分和排行弄乱，族人就商议，定下了辈序。前院后院的族人按"鼎、殿、生、国、宏（瑞）"字排辈，渠上渠下的族人按"鼎、全、炳、国、万"字排辈。为防年长日久，辈行失序，族人又拟定了后辈序，依次为"绍、熙、昌、裕、隆、延、庆、永、维、德、广"，加上前面的五辈字序，共16个字。听我爷爷讲，我们家原来好像是有个家谱的。不然的话，经过了好几辈人，我们家的辈分早就乱了。从我的子女这一辈一直追溯到我的太爷爷那一辈，我们家人的辈分一直没有乱，一看名字就知道辈分大小。后来这个家谱不知道怎么就弄丢了。唉！那个时候，国家不太平，民不聊生，整天肚子都填不饱，谁还顾得上家谱呢？20世纪20年代，也就是民国初年间，为了谋生，我们燕子墩金家的"殿、生"字辈族人有迁到打硇口（今大武口）的，有迁到贺兰山后阿拉善呼鲁斯太的，还有迁到内蒙古后套临河、磴口、五原的。至今，这些地方还有我们金家的亲戚。我亲舅舅的家就在临河，早些年时还和陈家表弟有来往，老人一下世，后辈人就联系少了，这些年更是没有联系，怕是找也找不到了。我夫人家里也有不少亲戚在内蒙古后套，前些年这边的家里办红白事时，后套的亲戚还来呢。这些都是过去的事情了。说这些的意思，就是让后辈人要知道，我们金家人的大致分布情况。前面说了，我们金家刚到惠农燕子墩时家业还是比较殷实的，但是到了清末，国运衰落，家运也就慢慢不行了。到了我高祖那一辈时，家境就渐渐差了。到了我曾祖那一辈时，家境就彻底败落了。

我的太爷爷是"鼎"字辈的，叫金鼎荣，生于清同治六年

（1867年）春，属兔。他有3个儿子，老大叫金全保，也就是我的爷爷。老二叫金全有，老三叫金鞑子。我听老人讲，清朝灭亡前，孙中山领导的"辛亥革命"曾经提过一个口号，就叫"驱除鞑虏，恢复中华"。那个"鞑虏"旧时是对北方少数民族的蔑称，清末特指清朝统治者。三爷爷叫"金鞑子"这个名字，也从一个侧面表明我们祖上的渊源。我们小的时候，总听人叫我三爷爷"鞑子、鞑子"的，他们还吓唬我三爷爷，说革命党要来革他的命、杀他的头，让他小心点。吓得我三爷爷在给别人家扛长工时，只知道埋头干活，不敢多说一句话。我那时还小，不懂事，也跟在别人后面起哄，跟着叫我三爷爷"鞑子、鞑子"的。我三爷爷也不生气，总是憨憨地笑，顺手从我头上摸一下或是从我背后拍一下，照样去干他的营生去了。可惜又可怜的是，因为家穷，金全有和金鞑子都一生未娶，也没有后代。

我的太爷爷金鼎荣是兄弟两个，他还有一个哥哥，叫金鼎尚，生于清同治三年（1864年），属鼠。金鼎尚也养了3个儿子，老大叫金全忠，老三叫金全林，老二的名字记不清了。现在，金鼎尚的后人也开枝散叶，人数不少，分布于各地。

我的爷奶

我的爷爷是"全"字辈的，叫金全保，小名叫全保子，在弟兄三个中排行老大，生于清光绪十六年（1890年），属虎。

听我父亲讲，我的爷爷人很聪明，性子也比较强。当时家里的情况每况愈下，看着家业衰落、家境贫寒，他于心不甘，总想着重振旗鼓，振兴家业。他特别吃苦耐劳，一家大小的事都要操心，每天起早贪黑不知疲倦地干活，有时还到河东去收点皮货，再拿到石嘴子或黄渠桥去卖，凭着一己之力苦苦支撑着门户。1919年，我爷爷29岁时和我奶奶朱氏在燕子墩外西河堡金家老庄子大婚。第二年有了我的姑姑金秀秀，第三年又有了我的父亲金炳祥。

我爷爷和奶奶都是心善之人，尽管自己的家境并不太好，日子也过得紧巴巴的，但是还经常接济我爷爷的两个单身弟弟金全有和金鞑子，不忍心看着他们挨饿受冻。家里粮食宽裕时，就给他们端一碗饭；天冷的时候，我奶奶就给他们缝棉衣；鞋子烂了，我奶奶就给他们纳鞋底子做鞋；衣裳破了，我奶奶就拿来缝缝补补。虽然家境贫寒，光阴不好过，但我爷爷兄弟三人之间的手足情义还是很深的。由于长年的劳累，我爷爷积劳成疾，于1933年去世了，年仅43岁，埋在了贺兰山下燕子墩任家庄西山坡处。听我父亲讲，我爷爷去世时，我二爷爷和三爷爷哭得死去活来。他们兄弟三人手足情深，相互扶持，相依为命，突然之间，一家的顶梁柱倒了，兄弟怎能不肝肠寸断？没了大哥大嫂的关照，金全有和金鞑子的生活状况可想而知。1948年，我的三爷爷金鞑子去世。1953年，我的二爷爷金全有也去世了。

我奶奶是宁夏平罗黄渠桥人，是个话虽不多、却很宽厚慈祥的小脚女人。她的娘家也是穷苦人家，她从小就帮着父母干活，吃了不少苦。嫁给我爷爷后，也没有享多少福。更为悲惨的是，她年纪轻轻就成了寡妇，还拖着两个未成年的孩子——我的姑姑和我的父亲。

我爷爷去世后，为了生活，我奶奶改嫁给了一个在平罗黄渠桥做小本生意的陕西人。那个陕西爷爷人也挺好的，对我也很和气。我小的时候从西山骑驴驮煤到黄渠桥去卖，还经常去看我奶奶。虽然我奶奶年轻时守寡，但在后半生找到了陕西爷爷，生活有了依靠，吃穿不愁，也算是老来得福吧。

1954年，我奶奶去世。当时我只有十岁，只知道有人从平罗黄渠桥赶来报丧。虽然没能看上她最后一眼，但是我时常想起她挪着一双小脚，从一个大红柜子里拿瓜子和糖给我吃，坐在炕沿上慈祥地看着我的样子。

我的父母

我的父亲金炳祥，1921年10月生于燕子墩外西河堡金家庄子，属鸡。又名炳强，小名叫寇绪。为什么叫这个小名，具体我也说不清楚，好像是和"金鞑子"一样，是家族人的一个老话的什么音转的。我父亲年轻时人长得很精神，脸长鼻挺、身材修长、清瘦英俊，真正是"头大脑门宽"，两个耳朵也是又长又大。他很聪明，记什么事情都记得很清楚，说话也是高声大嗓，直来直去，是个办事利索、守信用、讲情义的人。

由于我爷爷奶奶只有我父亲这一个儿子，自然从小比较疼爱。尽管家境很苦，但我父亲小的时候还是很受娇惯，家里有什么好吃的、好穿的都先给他。这就使他从小比较任性、倔强，甚至有点霸道。爷爷去世时，我父亲只有13岁。幼年丧父，对我父亲的打击是致命的，但也促使了他的自立和觉醒。虽说家境贫寒，自己的父亲又英年早逝，但他很要强，不愿意寄人篱下看别人的脸色生活。对于我奶奶改嫁这件事，他一直很反对，为这事儿，他与奶奶和陕西爷爷的关系弄得很僵。自我记事起，他好像对奶奶改嫁这件事一直耿耿于怀，不肯原谅奶奶。就这样，他不愿在家里待，总是在外面跑。先是在石嘴山、平罗一带给人干零工，年龄渐长后，便跟着别人到内蒙古一带去干活。先后在鄂尔多斯的东胜、海勃湾的拉僧庙、落石滩等地背过煤，在察汗淖尔和阿拉善吉兰泰等地盐场背过盐，在临河、磴口的黄河码头上装卸过货物、当过艄公，总之是吃了不少苦。想来他年纪轻轻、涉世未深，肯定也受了不少别人的欺负，但他把这些苦都咽到自己的肚子里，从来不对外人说。仅从这一点看，我父亲这个人还是很硬气的。

长年累月地在外打拼，我父亲多少也积攒下了一些钱。加之也到了该成家的年龄了，他便从内蒙古回到家乡燕子墩。经媒人介绍，我父亲与家乡附近内西河堡陈家湾子的陈美英把婚姻大事定了下来。1944年1月，我父亲23岁时，与我母亲陈美英在燕子墩金家新庄子大婚。婚后不久，他又去河东打工，家里就剩我母亲一个人。当年底，我降生了。我的到来，给家里带来了欢乐，但也让我的父母有了更大的生活压力。为了生活，我父亲在外打工更成了常态。他长年累月不在家，在我的记忆里，他总是隔两三年才回来一次，每次回来都待不了多长时间，很快又走了。后来，我又相继有了三个弟弟。在有了第四个弟弟时，他40岁了，好像是在外跑厌烦了，也好像是感到该照顾家了，才不再外出打工了。

我父亲一生中最让他骄傲的一件事是他另立门户，建造了真正属于自己的家。1954年春，我父亲从河东返回家中，倾其多年务工所得，选址造房。新屋选址在距金家新庄子200米处农渠西侧的一个大坑。我父亲和母亲夜以继日，拉运土方，把将近2米深的大坑垫平，意为"填穷坑"。我父亲当时就对人说："我们金家数辈贫穷，我要把这个穷坑填平，以此来激励后辈人立志，通过读书彻底改变家境贫穷的状况。我相信，我们金家的后辈一定会出人头地，也一定会出人才。"几个月以后，我们家盖了三间新房子，主房面向东南，院落占地近半亩。当年我们家还买了一头耕牛和一头驴。经过我父亲母亲的勤耕不辍，我家的家境开始慢慢好转。

从我父亲建新屋至今，一转眼几十年过去了。现在，看到我们家的晚辈有从政的、有当工人的、有务农的、有经商的、有上大学的、有参军入伍的，一个个都有了出息，我真是由衷佩服我父亲当年那股子立志改变命运的劲头，也佩服他的远见。直到前些年，老家的一些老人提起我父亲当年"填穷坑"的举动，仍然夸赞他真是有骨气、有志气、了不起。现在，我们家的状况彻底改变了，条件都好了起来。但是，我希望年轻人要记着老一辈人说的话："要立志，要读书，要有骨气，任何时候都要挺起腰杆做人，不能做窝囊废。"

2005年夏，金国忠夫妇与孙子、孙女在银川苏峪口森林公园

我父亲虽然没有读过书，但天资聪慧，加之在外闯荡多年，见过不少世面，在老家人的眼里，他也算是个"了不起的人"。我父亲回到家乡后，曾当过3年民兵连副连长和生产队保管员，把生产队的账目管理得井井有条、清清楚楚。但就因为他性子太直、脾气太倔、做事过于较真，也得罪了一些人。1964年秋后，"四清"运动开展，我父亲经受住了考验，表明他这个生产队保管员总体还是称职的。之后不久，考虑到当时我已经是生产队队长了，为了避嫌，他便不再担任生产队保管员了。

1982年，农村实行家庭联产承包责任制后，极大地提高了亿万农民劳动生产的积极性。我们家的条件也稍稍有了些改善。当年秋天，在我们兄弟几个的支持下，父亲和母亲又在距老庄台子100多米的北边新规划点盖起了几间新房，这距离1954年我家"填坑造屋"已经过去了快30年。

新房建好一年后，我的母亲因长年劳累，不幸得脑出血与世长辞。我的父亲从那以后就再也没有离开过那几间屋子，直到2000年11月1日（农历庚辰年十月初六日）去世。

纵观我父亲的一生，可以用"生性好强、历经苦难、一生劳碌"来形容。他虽然年幼丧父，但并不懦弱。他从不向命运低头，始终在与多舛的命运抗争，始终没有失去对生活的信心。他一辈子都在渴望过上经济宽裕的生活，一辈子好强，不甘落在人后，更不甘被人瞧不起。在他70多岁时，还自己下地割麦子，背着百十斤重的麦捆从农渠上跨过。他为了自己的未来和全家的生活，可以说尽到了自己的最大努力，也付出了很多艰辛甚至血汗。但他并不是一个称职的丈夫和父亲。在自己的妻子最需要帮助和安慰时，他没能给她以强大的庇护和可以依靠的臂膀。在他的孩子最需要父亲的关爱和教导时，他没能很好地尽到父亲的责任。但这也不能全怪他，只因他生不逢时，在人生最美好的青春年华时，赶上了兵荒马乱的年代。为了生计，他不得不背井离乡；为了养家糊口，他又不知道忍受了多少常人难以忍受的痛苦。

关于对家庭、对妻子、对孩子亏欠太多、关心照顾不够这一点，他自己在晚年时，也常常谈起，并且流露出了深深的歉疚和遗憾。他外表坚强，从不在外人面前示弱。但他的感情却很脆弱，每每谈起他的父亲和母亲，谈起对家人的亲情，谈起年少时的苦难经历，他总是禁不住老泪纵横。在他的后半生，他总是试图去弥补对家人的歉疚。这主要表现在他对孙辈的感情和后期对我母亲的照顾上。在孙辈面前，他总是那样地慈祥而富有耐心，从不打骂孙辈，甚至连一点高声的呵斥都没有过。当孙辈在家附近的沟渠玩要时，他的目光始终在孙辈的身上，生怕他们发生什么意外，犹如一只历经沧桑的老牛护卫着自己年幼的犊子，舐犊之情令人动情。1976年，我因工作调动，把家搬到了卫东矿（即白芨沟矿），我的小儿

2004年秋，金国忠的长子、次子及儿媳、
孙子、孙女

子三三只能放在燕子墩老家让父母照看。三三那时只有五岁，在看猪吃食时，觉得好玩，就把手放到了猪食盆里，不想左手食指被猪叼住，三三受到惊吓，往外一拽，食指的指甲盖被

撸掉了。那个时候医疗条件差，也没有什么药。我父亲就用食盐水每天给三三擦洗，早中晚各擦洗一次，不厌其烦，一连擦洗了十多天，直到三三的食指又重新长出了指甲盖。到现在，三三食指的指甲盖还和其他指头长得不一样呢。在我的母亲得脑出血瘫痪，大小便都不能自理时，他喂饭喂药、端屎端尿，还四处去求医问药，甚至天真地从封建迷信的仪式中寻求帮助，不惜花重金请农村的和尚、道士到家中念经，特别虔诚地为我的母亲驱邪祈福。我母亲的去世，对父亲的打击是巨大的，他的精神大不如从前，生活从此乱了方寸，没了章法。他经常在我们和孙辈面前念叨起我的母亲，虽然说起这些时看似平淡无心，但他的眼角却总是湿润的，让人不禁心生怜悯。

我父亲做事情一贯很麻利，见不得遇到困难就往后退缩的人，也见不得说话做事拖泥带水的人。他经常骂那些畏畏缩缩的小辈人是"不出山的瞎和尚"。在他六十多岁时，有一次家里箍扫帚，因为做扫帚头的芨芨草捆太粗，而扫帚箍的铁圈口有些小，我六弟担心扫帚箍不了，就说了句"上不去"。不想这话一下子激怒了他，他不由分说把我的六弟训斥一通，说我六弟不讲鼓劲的话，尽说泄气的话。随后，他和他的一个外号叫"老胖牛"的老伙计想方设法箍扫帚，累得满头大汗，边箍还边喊"上去了"。最后，扫帚果然箍成功了。他拿着箍好的扫帚，厉声质问我六弟："你不是说上不去吗？我们怎么就上去了？你看你那个囊怂①！我真想一脚把你踢到贺兰山上去。"这些都是六弟后来告诉我的，我听了后哈哈大笑，我知道父亲就是这个脾气。六弟虽然当时被训斥了，但他的言语之间透露着对

————————————

①方言，意思同"尿样"。

父亲的敬佩。父亲的这种好强、直率的性格到老都没有什么变化。他的这种性格和处事风格，对我们的影响很大，也传递到了我们后辈人的身上。这么多年来，我们家经历了很多风风雨雨、坎坎坷坷，但我们全家老小从来没有向困难挫折低过头，从来没有失去对生活的信念和信心。我那几个兄弟也是一样，虽然有点倔强，但做事也是刚正不阿、宁折不弯。我们总是能从父亲的身上汲取前进的力量，他教给我们：在人生的道路上，不管遇到什么挫折，都要昂首挺胸，阔步向前。

我的母亲叫陈美英，1926年3月出生于燕子墩内西河堡的陈家湾子，属虎。我母亲个子不高，单眼皮，鼻子挺挺的，皮肤比较白，长得很漂亮，性格很温和，从不和别人争什么，真正是吃苦耐劳、温柔贤惠，是一个老实本分的农村妇女。母亲和父亲一样，都没有文化，但是她以自己的一言一行教给了我做人的道理。我感觉，我不仅在长相上像母亲，就连脾气性格也随母亲。母亲一辈子劳碌，可以说没有享过一天福。她为这个家吃尽了苦、操碎了心，默默无闻地奉献了一生，到最后，没留下一句话就走了。每当想起这些，我就鼻子发酸，心里特别难受。

母亲生下我不久，父亲就去河东打工了。母亲一个人又要干农活，又要喂养我，含辛茹苦地把我养大，真是太难了。她独自一人忍受着孤独、寂寞、贫困、恐惧、无助的折磨，但从没有怨言，也从没有放弃作为母亲、作为家庭主妇的责任。打我记事起，就没见她什么时候闲过。她的手里总有干不完的活。一天到晚，就见她不是拖着一个布垫子在地里薅草，就是拎着一个木桶给猪喂食；不是拿根很长的擀面杖伏在炕上的案板上擀面，就是晚上坐在油灯下给我们缝补衣裳。母亲生了我们兄弟六个，洗衣、做饭、纳鞋、缝补衣服等各种家务，里里外外、杂七杂八的事全靠她一个人。我时常在想，我的母亲是为了抚养我们兄弟六个累死的。

我是家里的老大，从小看着母亲辛苦劳累，心里很难受。所以在我七八岁的时候就开始替母亲分担一些挣钱谋生的事。那时，刚刚解放，母亲亲手给我缝制了一个粗布书包，把我送到学校让我上学，希望我能识文断字，将来能有一个好的出息和前途。但我还是不忍心母亲一个人在家受苦，只念了几天书就执意离开学校，回到家里帮她干活。母亲为此很内疚，但也很无奈，只能把内心的难过默默地藏在心底。虽然我一辈子没有文化，但是我并不后悔，这是我作为这个家中的长子应该为家庭、为母亲分担的。我多干一些，母亲就可以少干一些，就可以多歇一阵子。我一直就是这么想的。

我成家后，母亲特别高兴，家里又添了一口人，她也算是有个能说说知心话的伴儿了。我母亲对儿媳妇很好，家务事总是自己做，从不为难自己的儿媳妇。我们两口子拌嘴，母亲总是先说我的不是，护着儿媳妇，她对儿媳妇就像对待自己的亲闺女一样。母亲和儿媳妇的关系处得特别融洽，我的妻子很快就融入了我们这个大家庭，帮着母亲做一些洗洗涮涮、缝缝补补的事情。在我的印象里，那段时间是母亲最开心、最幸福的时光。

1971年，我和妻子带着大女儿和大儿子离开了燕子墩公社，成了国营简泉农场的职工，也从此离开了父母亲，开始了我人生新的奋斗历程。刚到农场时，我怕拖家带口影响工作，就把两个孩子放在母亲那里让她帮我们照顾，直到他们上小学。1976年，我因工作调动，自己的家搬到了位于贺兰山深处的卫东矿，我的小儿子就放在燕子墩老家让父母照看，一直到1979年孩子上小学。其间母亲的辛苦付出不用多说就能想到。毕竟，那时我还有几个弟弟没有成年，母亲在照顾自己的儿子的同时，还要分出精力来照顾自己的孙子，这也是我觉得亏欠母亲的地方。

我离开家乡后，因为工作忙，一年之中很少回家。除了春节带全家人回去外，中间给家里拉过几次煤。每次回去看到母亲越来越衰老的样子，心里就很难过，但也感到没有办法，毕竟那个时候的经济条件太差了。

1983年底，在乌兰矿工作的二弟翻山越岭来到白芨沟我的家中告诉我"母亲病倒了，不知道是什么病"时，我焦急万分，急忙赶回老家探望。回到老家，看到母亲瘫在炕上，看到我回来了只是微笑，不能说话，我心如刀绞。父亲及我们几个兄弟商量着尽快给母亲看病。可那时，农村刚刚包产到户，家里还是穷得很，哪有什么钱来给母亲治病呀？我们拉着母亲到县城医院检查了，也请了几个知名的大夫看了，都说不出个所以然，只好作罢，让母亲在家中静养。1984年春节前，我让放寒假的小儿子回老家去伺候奶奶，替我在母亲膝下尽孝。

1984年2月24日，恰好是农历正月廿三日，民间有"燎干"的习俗。我永远忘不了这个日子——我最亲爱的母亲就是在那一天离开了人世。她在炕上不吃不喝、昏迷不醒已多日，临走时，没有留下一句话。2月25日，我老家的堂侄金万德急匆匆赶来报丧："小奶奶殁了。"听到这个消息，我当时一句话也没说，眼泪一个劲地往下淌。当天，我和我夫人就往老家赶，去最后看一眼我那吃了一辈子苦、没享过一天福的母亲。

我父亲还有一个姐姐，名字叫金秀秀。她是我唯一的姑姑。我姑姑生于1920年3月（农历庚申年二月），和我一个属相，都是属猴。我姑姑嫁给了宝丰县（现在成了平罗县的一个镇）庙台乡东永固人陆思敬。姑姑生有五男二女：长女陆秀英、长子陆宏礼、次子陆宏林、次女陆翠英、三子陆宏明、四子陆宏果、五子陆宏贤。1973年9月12日（农历癸丑年八月十六日），我的姑姑因病去世，享年53岁。

我母亲陈美英共有兄妹三人。母亲的兄长即我的舅舅，年轻的时候到内蒙古后套地区谋生，后来在临河成了家，生有子女。具体几人，都叫什么名字我说不清楚。1983年时，我舅舅的一个儿子还到白芨沟煤矿打零工，在我家住了几个月。我母亲还有一个妹妹，也就是我的姨妈，嫁到了内蒙古后套临河一个老家是燕子墩的袁姓人家，姨妈的子女情况我都说不上来。毕竟那个时候交通不便，舅舅和姨妈离开老家燕子墩后很少回来，再到后来就没有联系了。现在又过去这么多年了，舅舅、姨妈还在不在世，子女的情况如何，我也不知道了。

苦难童年

▼
———

    童年应该是人生最无忧无虑的时光，一个人的童年时光对他的一生影响是非常大的。我的童年是在艰难困苦中度过的，时至今日，我记忆犹新。

    1944年12月28日（农历甲申年十一月十四日）我出生于宁夏惠农燕子墩金家庄。我是父母亲的长子，他们希望我将来的生活能够富裕一些，便给我起了个"还余"的小名，后来写成"海鱼"了。母亲生下我不久，为求生计，父亲就常年在外打工。在我印象中，家中只有我和我的母亲两个人。母亲一个人支撑着这个家，不知疲倦地忙里忙外。年幼无知的我，不知道生活的困苦和母亲的艰辛，感受到的只有母亲的爱与温暖。

    1949年9月23日，宁夏解放了。10月1日，中华人民共和国成立了。我家和全国其他亿万个家庭一样，迎来了充满希望的新生活。

    在我快5岁时，也就是1949年的11月20日，我的二弟金国林出生了，父母希望他将来能够富贵平安，给他起的小名叫"还贵"。有了二弟，母亲更加辛苦了，而我却因为有了个弟弟反倒感觉更加快乐了。孩提时代的快乐和幸福都很廉价，只要有母亲的陪伴，只要能吃饱肚子，每天在房前屋后、田间地头、渠畔沟边胡乱跑、玩泥巴、捉虫子、扑蝴蝶，或是帮着母亲薅草、喂鸡、扫地、择菜都是十分快乐的事情，哪怕是穿着破烂的衣服和露着脚趾头的鞋子，也并不觉得生活有多么艰辛不易。

童年时的事情大多都忘记了，但有一件事我记忆犹新。那是1950年的秋天，母亲一个人去田地里干活，家里只有我和不到一岁的弟弟。那时虽然是农村最好的季节，但总是有野狗野狼偶尔出没于村庄。就在大人们忙着干农活的时候，我家的院子里竟然窜进来一匹狼。我隔着木窗格看着这匹狼在院里找吃的，头已经探进了院墙边的鸡窝。鸡窝里的鸡惊恐地叫着，在屋里我都能听到鸡慌乱地扇动翅膀的声音。鸡窝的入口太小，狼干着急就是进不去，只能悻悻地放弃，张着大嘴、伸着舌头向隔着木窗的我走来。我当时惊恐万分，一如鸡窝里的那群鸡一样孤立无助。就在我不知道如何是好，更不知道接下来会发生什么可怕的事情时，只听到院子外面急促而嘈杂的大人们的呼喊声。警觉的狼也听到院外的声音，贪婪却又不甘心地望了望木窗里的我，迅速地窜上院墙，夹着尾巴逃跑了。手持木棒铁锹的人们冲进我家院子，急切地喊着我的名字，用力推开了我家的门。屋里人头攒动，人声鼎沸，面对他们惊恐的表情，我呆若木鸡。但是，当我的母亲冲进屋里抱着我和弟弟时，我突然放声大哭了起来，母亲强忍着泪水抚慰着我和弟弟。我这才听到大人们说的话："太悬乎了，两个娃娃差点让狼叼走了。"

人们常说"穷人的孩子早当家"。我从小就开始劳动，开始分担父母的生活重担。

1952年，我8岁了。为了生活，我每天骑着1951年秋天土地改革时分给我家的一头毛驴，到西山也就是贺兰山里的石炭井去驮煤，再到平罗黄渠桥的集市上去卖钱换米。我那个时候年纪小，个子也小。每天早上天麻麻亮，我的母亲就给我烙一块饼子，再给我背一壶水，把我抱到搭着煤口袋的驴背上，目送我进山。到了山里的小沟子、王泉沟、南沟等一些私人开的煤窑，装好整口袋的沫煤后，我再请一同去的大人们帮我把装满煤的口袋放到驴背上，我便小心翼翼地牵着驴往回走。饿了就啃几口干饼子，渴了就喝两口水，走上几十里路，赶到黄渠桥，把驮的煤卖掉，再买点大米、面、油和常用的生活用品。

那个时候，黄渠桥每三天一个集，逢3、6、9日就有集。我每天去山里驮煤，有集了就卖掉，没集了就留着和煤饼子自己家里烧。一口袋煤赶上好机会能卖个好价钱，卖9000到10000元；赶上机会不好，只能卖3000元左右。那时的10000元等于现在的1元钱，3000元相当于现在的3毛钱。我用这卖煤得的钱，花500元买一个大饼子，揣到身上，也舍不得吃，骑着驴匆匆忙忙就往回走。等到家时，天基本上就黑了。第二天天不亮又出发了。这样的日子，日复一日，一直持续了一年多时间。

前面说过，我小的时候，不是没进过学校，而是家里太穷，我看到家里就母亲一个人维持生计，实在太苦了，就主动放弃了学业，主要是想帮家里分担些困难。那也是没有办法的呀！说实话，我这一辈子吃了不少苦，可我都觉得没什么。唯独没有念书这件事，是我终生的遗憾。我不想让这个遗憾再出现在后辈人身上，所以，不管工作调到哪里，家搬到哪里，我首先想的，就是要方便孩子念书。不念书，就会像我一样，一辈子是个大老粗；不好好念书，就不可能出人头地，也就不可能做更多的事。以前，我看到孩子们乱扔写过字的作业本和纸张，都小心收起来，不敢随便扔掉。因为我知道这些都来之不易，这些都是知识啊！"敬惜字纸"，既是个好传统，也是有深厚渊源的。我希望后辈人不要丢掉这个好传统。

青年时代

青年时期的金国忠

1958年秋天，燕子墩公社组织各家各户的劳动力到银川平吉堡去参加开挖西干渠的大会战。那个时候，我已经14岁了，在农村也算是个壮劳力。于是我便和公社其他人一起，从惠农坐火车到平吉堡去挖渠。那时也没有多少机械设备，全凭人力肩挑背扛，早上出工，晚上收工，每天的劳动量很大。夜里在集体宿舍的大通铺上，累得话都不想多说就不知不觉睡着了。就这样，整整干了2个月，一直干到春节才回家。

从平吉堡挖渠回来，我又给生产队驮煤、卖煤，与另外一个同志每天赶着十多头毛驴进山驮煤，再到黄渠桥的集上卖煤。公社每天给我补助3毛钱，除了交给家里的，剩余的我都攒了起来，想着将来有用处，一共攒了十几块钱。装进一个竹筒里，塞到我家的房梁顶上，不敢让父母知道。没想到这些辛辛苦苦积攒的钱，却让老鼠给打^①了，一张张毛票全被打成了残渣子。拿到银行去只换了7块8毛钱。我给生产队驮煤、卖煤一直干到1962年，我18岁。

1962年秋，生产大队看我干活认真、踏实，又有办法，就让我当燕子墩六队的队长。我不自信，说自己还年轻，怕当不了。大伙都说："你可以，没问题。"我也就不好再推辞了。当时，我算是燕子墩公社几个生产队中最年轻的一个队长了。我当上队长后，主要在提高粮食产量上动脑筋、想办法，当年就见到了明显成效。当时，燕子墩大队共有7个生产队，我所在的六队是粮食产量最高的。我们队大部分人的人均口粮达到了207千克，远远高于其他生产队的人均口粮180～185千克的水平。就因为这一点，公社于1963年把我提拔为燕子墩大队的干部，相当于现在的村干部，担任燕子墩大队副大队长兼民兵营长。

当时，公社对大队的工作抓得很紧，专门派出了工作队来帮助我们工作。工作队里有一位高个子女同志，叫吴瑛，人非常利落，工作也很干练，她对我的帮助很大。就在我被提拔为燕子墩大队副大队长兼民兵营长的当年，吴瑛同志专门找我谈话，建议我积极加入党组织，并指派陈学仁同志做我的入党介绍人。就这样，在组织的培养关怀下，1964年秋天，我光荣地加入了中国共产党。

在我担任燕子墩大队副大队长兼民兵营长期间，每年在开春和秋后，我都带着民工大搞农田水利基本建设，一起挖沟、开渠、作坝、打埂、平田整地，一干就是一个月。当时人民公社实行大锅饭政策，有的农活要50～60人一起干，有的人出工不出力，工作效率

---

① 方言，意思同"咬"。

并不是很高。为了调动大家的生产积极性，我实行了定额管理，将所有农活进行细化分工，3个人一组进行包干。比如犁田，一张犁要上午犁两亩半、下午同样犁两亩半才能记工分，否则不记。我这个办法很管用，一下子就让我们队的粮食产量跑到了全公社的前面。每年公社都给我们发一面大红旗，连着发了好几年。在我们大队的带领下，公社有5个大队的粮食产量有了很大提高，也是每年扛红旗。旗子扛得多了，墙上都挂不下了。1967年，我还带队在陈家沟三排水沟上建了一座桥，方便过往的行人和车辆通行。这座桥现在看来好像不值一提，但在那个年代，为了修这座桥，我们可是花了大工夫、下了大气力的。前几年我回老家时看到这座桥还在，只是年久失修，显得有些破败。现在这座桥怎么样了，我就不知道了。回想起青年时期那几年，是我最开心、也最有成就感的时期。我在党组织的培养下逐步成长进步，由一个大字不识两个的毛头小伙子，成长为燕子墩大队的副大队长和民兵营长。在这个岗位上，我没有辜负组织的期望，吃苦在前，艰苦奋斗，取得了一些成绩，得到了上级组织和群众的认可。这些事情在今天看来可能有些微不足道，但在那个激情燃烧的岁月里，在我的人生历程中却是难以忘怀的，也从此改变了我的人生轨迹。

成家立业

▼

俗话说男大当婚，女大当嫁。随着年龄的增长，我的婚姻大事也逐步提上家里的首要议事日程。

我是1963年开春与我夫人订的婚，1966年腊月二十六结的婚。说起我们的婚姻，也可以说是一波三折、好事多磨。

我的家庭条件在当时全生产队来说，是比较差的。加之我的兄弟也多，家里的条件就不言而喻了。我夫人家的条件要比我家强得多。我外父①家里的底子比较好，加之我外父经常到内蒙古一带贩毛皮，家里的境况要好些。在1960年国家困难时期，别人家都有粮食接不上的情况，可我外父家就因为善于经营，还真没有怎么挨过饿。很显然，像我这样的穷家去攀亲，就有点勉强了，也可以说是门户差距有点大了。另外，我虽然已经是燕子墩大队干部了，但毕竟没有上过学，不识字。恰恰我外父是个知书达理的人，虽然家庭条件差，但很重视子女的教育。我夫人当时已经是初中生了，而且也很上进，参加过医生培训，还在小东湾参加过石嘴山郊区组织的

---

① 方言，意思同"岳父"。

1998年9月，金国忠的小女儿红艳（后排左三）结婚时全家合影

优秀青年培训班，在我们队上也算是小有名气。

就这样，我父母先后托了三个人上门去做媒。前两次都没成，直到最后一个去做媒才成。最后这个做成媒的竟然是一个没牙的爷爷。人都说媒人能说会道，有三寸不烂之舌。我也搞不明白，这个没牙的爷爷是怎么把媒做成的。

媒做成后，我父母十分高兴，根据家里的条件，到供销社扯了几尺布，做了两件衣裳给我外父家送过去，就算是聘礼了。

我外父和外母①家里女孩多男孩少，家里缺少男劳力，不像我们家有兄弟六个。加之，我外父的身体不太好，平日里干不了重体力活，只能干一些诸如看渠口放水的轻活。于是，我有空就去外父家帮着干点活，每个月去王泉沟或南沟，拉一小胶车煤给我外父家送

————

①方言，意思同"岳母"。

去。渐渐地，我外父家的人也开始接纳我了。

1966年底我和夫人举行婚礼。那时，婚宴虽然不丰盛，但是很热闹。我们生产队和大队的人都来祝贺。同事们还凑钱买了《毛泽东选集》第一至四卷作为新婚贺礼送给我们。这套《毛泽东选集》我们保存了一辈子，即使多次搬家也妥善保管，现在还在家里的书柜里。

我们刚结婚时，生活依然很苦。我父母在房后盖了一间小土坯房就算是我们的新房了。结婚一年多后的1968年春天，我们的大女儿红霞出生。这是我们的第一个孩子，我父母和我们夫妻都非常高兴，特别是我母亲，想到自己只有六个儿子没有女儿，看到自己有了孙女后，兴奋之情无以言表。1969年9月，我们的大儿子出生。按照老家的辈分排序，这一辈应该取"万"字，于是我们给他取名叫万江。我们全家搬到国营简泉农场后，1971年的秋天，我的小儿子三三出生了。1974年9月小女儿红艳也在简泉农场出生了。就这样，我们由一个两口之家变成了六口之家。

我这个人事业心非常强，领导交给的任务总是想方设法、没日没夜地去完成，为了工作经常顾不上家。我夫人也是很要强的人，凡事不愿意落在人的后头。加之，当时家里确实很困难，孩子也都很小，需要有人照顾。因而，我们时常为是要更多地顾大家还是顾小家闹些矛盾。但不管怎么困难，我们都挺过来了，想想这些真是不容易。

我经常想，人活一世不容易，一个家庭也是这样。我经历了风风雨雨，但总是对前途抱有信心，对未来充满了希望。我们这个家，也经过了沟沟坎坎，但一家人总是能够和和睦睦，团结一致去解决遇到的困难和问题。虽然没有什么大富大贵，但一家老小几十年健健康康、平平安安，没有什么大灾小难，也真是不容易。我过去的很多同事看到我们一家其乐融融的样子，都很羡慕，说善有善报。我想他们说得是对的。从小父母就教育我们，要多做行善积德的好事，不要干伤天害理的坏事。这几十年，我一直是这样做的。同时，我和夫人也教育我们的孩子要这样做。也许正是有了这样的想法和行动，我们一家人事事与人为善、处处替人着想，才赢得了周围人的理解支持，获得了很多人的无私帮助，也避免了很多灾祸是非。这正应了那句老话：好人自有好报，好人一生平安。

走出农村

1968年开春征兵，石嘴山郊区组织验兵。我虽然已经24岁了，但符合征兵条件，我也很想去当兵，离开农村。因为我担任着燕子墩大队干部职务，公社不让我走。后来，我反复向组织上说明我的想法和家里的情况，公社这才答应让我去。我到石嘴山麻黄沟参加了体检，但不知为什么，过了这一关，我的名字还是被拿下了。一同体检的人都走了，唯独我没有走成。就这样，我的参军梦破灭了。

1968年秋，上面又开始招工，是去石炭井煤矿当工人。燕子墩公社分配到了9个名额，给我所在的燕子墩大队分了2个名额。条件是：家庭成分必须是贫下中农，年龄30岁以下，担任过生产队干部或大队干部，家里兄弟多的优先。当时我的条件完全符合，就满心欢喜地赶紧填了报名表，心想这下总算可以离开农村了。当时，我的大儿子刚出生不久。公社的领导说："你去当工人，老婆娃娃谁养活呢？"就这样，公社还是没让我走。我一心想去当工人的梦也破灭了。尽管如此，我还是不死心。我向公社领导反映：我服从组织安排，可以不去当工人，但请组织上考虑我家的实际情况，能不

1972年，金国忠（前排中）与简泉农场2队基干民兵合影

能安排我的兄弟去当工人，毕竟家里实在太困难了。公社领导考虑我家的困难，接受了我的请求，答应让我的二弟金国林去当工人。后来，我二弟到石炭井矿务局乌兰矿当了一名工人，也在那里成了家。再后来乌兰矿又招工，我四弟金国贵也成了一名煤矿工人。家里先后出了两个工人，经济上的窘迫状况稍稍有了一些改观。

1971年开春，燕子墩大队又让我带领民工到大武口去挖沟开渠。我从前来检查工作的上级领导口中得知，国营简泉农场正在招年轻劳动力。我连忙借了一辆自行车到简泉农场了解情况，看到简泉农场场部里人排成了一队，确实是在招人。招工条件是：两口子，带1个孩子，强壮劳力。因为天色已晚，我当晚住在了简泉农场场部。第二天一大早，我赶忙回到家，告诉我夫人这个消息，又去向公社报告我想应招的想法。公社领导说："你正在带民工干活，先把工分定了再考虑吧。"我急忙又按照领导要求赶回工地，把工分定了后又去找公社领导。公社领导知道我之前想当兵、当工人都没有当成，考虑到我家的实际情况，就答应放人，让公社文书把公章盖上，让我到简泉农场应招。

1971年2月28日，这是我一辈子都忘不掉的日子。这一天，我办好了迁移证，与夫人找了一辆牛车，前拉后推地把家搬到了简泉农场场部所在地的二队。我们从此就离开了生我养我的老家——燕子墩，并把我和夫人与大儿子的户口迁到了国营简泉农场。从这一天起，我们开始了新的生活，我们一家人的命运也从这一天开始改变了。

简泉农场始建于1954年，选址时在贺兰山上发现一眼山泉，流出的水是咸的，如同盐碱水一样，便取名"碱泉"，附近的村子也起名"碱泉村"。后因"碱泉"二字太过直白，便改为"简泉"。简泉农场是一个集农林牧副渔为一体的综合性农场。1970年，简泉农场划归宁夏回族自治区农林局管理，1972年，交由石嘴山市管理，1973年以后，交由宁夏回族自治区农垦事业管理局管理。

当时简泉农场有两个生产排，一个是农业排，一个是畜牧排。我到农场后，场里让我管畜牧排。在此期间，农场让我到燕子墩公社把档案迁过来。农场领导一看档案，知道我当过副大队长，又改让我管农业排，当排长，同时给我安排了一名计

简泉农场二队毛主席语录塔

工员，总共管了七八十号人。我每天组织排里的人学习、劳动、开会，尽管每天只有8毛钱的工资，但我对工作还是一丝不苟，干得很起劲，对自己和家人能落户到简泉农场也很满意。

1972年的金国忠

谁知好景不长，没多久我就遇到了烦心事。就在我到燕子墩公社转档案时，曾在燕子墩公社任党委书记、后又到石嘴山郊区任领导的梁鸿岳，听说我到简泉农场入户了，燕子墩公社少了一名得力骨干，非常生气。他直接给石嘴山市委书记打电话，说简泉农场把燕子墩大队领导班子给拆散了，要求市委责成简泉农场立即把人退回去。当时简泉农场隶属于石嘴山市管辖，接到市委的通知后，农场的场长、队长都来给我和我夫人做工作，劝我们回去，并说要派车把我夫人和孩子送回去。我当时就想，好马不吃回头草，我好不容易出来，绝对不能再回去了。我便对来做工作的同志说："老家里的房子都拆了，回去没地方住。"这是我一生中唯一一次撒谎，但为了生活，我只能硬着头皮这样做了。农场领导看我不走，就明确指示停止我的工作。我在家里待了一个星期，还是不想回去。市里天天催问农场我走了没有。我主意已定，任凭怎么催促，我就是待在农场不走。就这样硬挺了一段日子，市里催了几次也不再催了。农场一看市里不再提这事，就仍然让我管农业排的工作。燕子墩公社和石嘴山郊区的领导后来看我在农场干得也挺好，觉得在哪干都是为党工作、为人民服务，也不再坚持原来的意见，同意把我的档案转到简泉农

金国忠在简泉农场二队的旧宅

简泉农场二队供销社旧址

场。就这样，我和夫人才算是彻底在简泉农场扎下根来。

我在农场搞农业生产，沿用原来在燕子墩公社的做法，实行定额管理。农场给农业排定的任务是年产160吨粮食。经过努力，到秋天收获时，我们农业排的粮食打了300吨，将近翻了一番，轰动了整个简泉农场，我的工作也得到了上上下下、方方面面的认可。

那个秋天是个收获的季节，也是我最为开心的季节。我留在老家的大女儿的户口也从燕子墩公社转到简泉农场。伴随着我们的粮食大丰收，我的小儿子三三也在那个秋天出生了。家里添丁加口固然高兴，但家里的口粮不够又让人犯愁。当时，我们吃的是农场的供应粮，我和夫人每人每月20千克粮食，根本不够一家人吃。每个月的工资基本上全给孩子买奶粉了，家里没有多余的生活费。我虽然是农业排长，也是农场的"产粮英雄"，但从来没往家里拿过公家的一粒粮食。为了生活，我

1972年夏，金国忠的长子万江
（左）和次子三三

到农场的磨坊里要一点公家不要的、还带着碎米渣子的稻壳尖子，回来掺着其他粮食吃。农场领导看我家实在困难，就给我发了一些救济粮，同时每年给我家发30~50元救济款，一连发了两三年，帮我们渡过了难关。我小儿子出生50天后，我夫人的产假到期该上班了。孩子太小又没人照看，只能放在家里。每天上班2个小时左右，我夫人就从工地上往家里跑一趟，给孩子喂奶。因为生活条件差，我夫人的奶水不够，就用面糊糊喂孩子。我夫人白天要上班，回家要做饭干家务，晚上还要照顾孩子，休息不好，落下了头昏的毛病。说实话，那个时候，我们真是感觉累啊，但都咬着牙硬挺着，盼着孩子能早点长大。我们想，再苦再累也要坚持，也要把孩子拉扯成人。在我的小女儿出生时，农场党委书记亲自来我家送救济粮款，让我和夫人十分感动。这么多年来，每当我们遇到困难时，总能得到党组织的关心关怀。对此，我们全家一直都心存感激。

1972年春天，我到简泉农场整一年，也转正定为3级工，成为农场的一名正式职工。我夫人定为1级工。我们每人一月能领30块钱工资，家里的光景比刚到农场时要好些，几个孩子也在健康成长，我们非常高兴。当年，我依然加强对农业排的定额管理，工作走在了简泉农场和宁夏回族自治区农业系统的前列。自治区农业厅派人接我到银川去介绍经验，让我介绍是如何当好排长的，为什么每年粮食产量都是第一，定额管理具体是怎么操作的，等等。农场党委书记李应选陪着我一起去。会后，我们六七个人还集体合影留念。这也是我一生中引以为荣的一件事。

由于我工作优秀，1975年2月，我被国营简泉农场党委提拔为二队副队长，管理着400多人，同时担任民兵营长。简泉农场是自治区农垦局下属的正处级单位，二队是正科级单位，我这个副队长，就算是副科级干部了。从一个农民、公社生产队队长成长为副科级干部，这是组织对我的信任，更是我个人和家人的荣耀，我倍加珍惜，工作的干劲更足了。

我从农村走出来，仅仅是一小步，但对我的人生来讲却是一大步。我常想，人生的精彩不仅仅体现在结果上，更多体现在过程中。一个人要努力开创自己的"精彩人生"，努力走出自己熟悉的"舒适区"，不要给自己的人生设限，可以尝试不一样的生活方式，探索潜在的更多的可能性，为自己搭建出新的向上的阶梯。有的时候主动跳出一点、一线、一面的惯常环境，勇于开拓通往远方的希望之路，也许就会看见不一样的色彩，发现另一个自己。

煤矿矿长

◣

1977年初冬，金国忠（二排右一）和夫人莫秀英
（二排右二）与红湾煤矿同事合影

1976年春，简泉农场党委决定让我到位于贺兰山深处的白芨沟场属煤矿红湾煤矿当矿长。我虽然没有干过煤矿的工作，但凭着年轻时的工作热情和闯劲，我二话没说就答应了。为了干好这个矿长，我先一个人到矿上去开展工作，同时做好了把家搬过去的准备。

那时，简泉农场红湾煤矿也是刚刚成立，可以说是一张白纸，要啥没啥，条件十分艰苦。好在我和我的工友们都是从苦日子过来的，我们并没有感觉到苦，只是一心想着，组织把这样艰巨的任务交给我们，我们就是苦掉一层皮，也要把这个任务完成好，把红湾煤矿的事情办好，给农场、给国家多产煤，多做贡献。

那年春天到秋天，是我工作最繁忙、任务最重、压力最大，也是最累的一段时间。我既要科学合理地调度安排好煤矿的生产经营，抓好安全生产，坚决防止发生安全事故；又要组织力量加班加点地建设职工住房，以便尽快使煤矿职工安居乐业，为他们解决后顾之忧。

1976年底，我们全家搬到了矿山。

作为一矿之长，我的首要任务是抓煤矿生产经营，尽可能多地为农场、为国家产煤。

煤矿生产是一门学问，容不得半点蛮干。为了科学生产，提高煤炭开采率，我组织矿上的技术工人认真做好前期设计论证，精心准备好各类生产工具和掘进支护装备，再打眼放炮，组织好生产。对于一些不懂的知识，我们还跑到附近的石炭井矿务局卫东矿（后来又改叫白芨沟矿），向他们虚心请教，请他们帮忙解决一些生产技术难题。

1977年，红湾煤矿职工与部队官兵合影

那时，煤矿生产主要靠人工，采煤、运煤、装煤、卸煤等一系列生产环节基本上都是靠人的双手来完成。以采煤为例，当时的掘进生产主要靠人工打眼放炮，雷管和炸药是煤矿生产不可或缺的生产资料。即使像石炭井矿务局卫东矿这样的国家统配煤矿，在初期也是靠这种生产方式。采取机械化综采设备，已经是20世纪80年代中后期的事了。对于简泉农场红湾煤矿这样的小煤矿而言，无论是从实力还是从成本上考虑，机械化综采设备想都别想。靠人工打眼放炮的生产方式，一直持续到2000年后红湾煤矿关闭。每次打眼放炮，眼洞打多深、炸药的剂量放多少、雷管导线放多长、一线操作的矿工如何躲避等等都是要认真考虑的。只有这样才能保证人员安全，并且以最小的投入获得最大的产出。

起初，我们矿开采出来的煤炭由井下向井上运送是靠人力架子车的，效率不高，还不安全。为了提高生产效率，我们购置了十多辆四个铁轮的翻斗车，在坡度近30°的煤井巷道铺设了铁轨，在井口外架设了钢丝绳绞车，靠电机带动钢丝绳，把一车车的煤炭用四轮翻斗车沿着铁轨由掌子面运到井上。由于采用了较为先进的生产设备，我们矿的煤炭产量由之前的每天出煤50吨提高到了将近200吨，井口的煤很快就堆成山了。

1977年春，金国忠夫妇和孩子们

安全生产是煤矿的头等大事。我作为一矿之长，每天最操心和担心的就是生产安全。生产安全天天讲、月月讲、年年讲，不厌其烦地讲。对于一些违章作业行为，我一旦发现，便会毫不留情地严厉批评，生怕出一点差池。因为我知道，安全生产，特别是井下作业，人命关天，容不得一丝马虎，稍有不慎就会给一个家庭带来不可挽回的损失。我是"宁愿听职工的骂声，不愿听家属的哭声"。

煤矿安全生产风险点很多，塌方、冒顶、瓦斯爆炸、翻斗车脱轨等等，都要时时提防、严格检查。为了确保安全生产、万无一失，我每天都戴着安全帽，穿着胶靴，背着硫酸电瓶，顶着矿灯到井下巡查一番。从巷道到掌子面，从运输队到掘进队，从打眼放炮到装煤出井，从支护枕木到四轮翻斗车，从井口的电机绞车到井下的钢丝绳及挂钩，从通风设备到每一个生产环节，从人到物、从上到下、由里到外，每一个细节都不放过，不敢有丝毫的马虎大意。

当时，井下每装满一辆翻斗煤车上井时，要由一名矿工护送着。为了防止由于钢丝绳脱落或断裂而导致翻斗车下滑，造成随车矿工出现意外，我要求主管生产的副矿长和带班班长时时叮咛和抽查，坚决不允许矿工图省力气搭乘翻斗车或在翻斗车后面上井，而是要求随车矿工必须在铁轨和翻斗车的外侧上井，一经发现违章作业，立即纠正和处罚。

1983年春，莫秀英在红湾煤矿

对于井上的安全生产，我同样也没有放松。从每根电线、每根钢丝绳、绞车运行、翻斗车卸煤，到煤场车辆调度、人工装车、顺利出厂等，每个细节都格外注意，都仔细检查，都不厌其烦地叮嘱。每天从早到晚，从井上到井下，再从井下到井上，不知道要跑多少路。回到家里，累得连齐膝的胶靴都脱不下来。

一分付出就有一分收获。功夫不负有心人，经过我和同事们的努力，那些年，我们煤矿连年实现安全生产目标，没有死亡事故发生。

煤矿就是一个小社会，每个矿工、每个家庭都工作生活在矿山，这里就是我们的家。俗话说得好，"安居才能乐业"。只有把矿工和家属关心的后勤工作搞好，把大家的吃喝拉撒、柴米油盐保障好，大家没有了后顾之忧，才能更好地投入到煤矿生产经营中去。所以，抓煤矿后勤保障是我的又一项重要工作任务。

我们刚到煤矿时，矿上只有几间石头和土坯混垒的办公用房，职工吃住都在就地挖的土窝棚里，山下的家属来探亲也极不方便。为了尽快改变这种面貌，我坚持一手抓安全生产，一手抓后勤保障。先是实地踏勘选址，选定煤矿生活区的合适位置；再采取轮班的方式，组织矿上的职工挖山平地，整理出来大约有二十亩见方的地方；同时，组织职工拉土、和泥、制土坯、盖房子。经过近两个月的努力，我们盖了大约20多间连排土坯房，还建成了一个职工食堂，院子中间还搭起了篮球架，建成了集办公、住宿、就餐、洗澡于一体的矿部。虽然是泥墙、泥顶、泥地，非常简陋，但大家都非常高兴，总算有个可以落脚的像样的家了。

房子盖好了，我们根据职工的实际情况进行了分配。没有成家的单职工两人一间，成家没孩子的分一间，成家有孩子的分两间。矿办公用房尽可能压缩，矿长与工作人员一间办公室，会计出纳一间办公室，技术员们一间办公室，分发下井设备的职工就在库房办公。为了改善职工的伙食，我们每周安排职工食堂做两顿荤菜，保障职工每周能吃上两顿肉。

总之，一切都在朝着好的方向发展。经过大家的共同努力，煤矿发生了很大的变化，矿工和家属的脸上都洋溢着幸福的笑容，我的心里感到无比欣慰。

在红湾煤矿任矿长的几年时间里，由于我管理规范、治矿有方、业绩突出，先后被评为先进工作者、劳动模范，还被选派出席自治区煤矿工作会议，家里的各类奖状贴了半面墙。

机砖厂长

1978年12月，党的十一届三中全会召开。全会决定把全党的工作重心转移到经济建设上来。在这种激动人心、催人奋进的新形势下，简泉农场响应自治区农垦局的号召，决定加快发展，开办机砖厂，更好地解决职工就业问题，增加农场和职工的收入。

谁来担任机砖厂厂长，是农场领导首先考虑的问题。农场的领导看到我把煤矿治理得有模有样，工作抓得井井有条，就决定调我来担任首任机砖厂厂长。1979年夏天，就在我带领着红湾煤矿的全体职工朝着年初确定的生产目标如火如荼、热火朝天地苦干实干时，收到了农场场部的调令，调我到位于贺兰山下的农场机砖厂任厂长。

组织的决定我必须服从。调我到百里外的机砖厂工作，就意味着我的家也要随着搬迁。当时，除了小女儿之外，我的另外3个孩子都正在卫东矿的南二小学和育新中学读书。为了不影响孩子的学习，我和夫人商量：我们俩带着小女儿先下矿山，待另外3个孩子学期结束后再转学搬家。就这样，我和夫人带着小女儿先赶到位于平罗火车站北5千米处的简泉农场机砖厂，开始了新的工作。

1979年春，金国忠夫妇和次女
在简泉农场机砖厂

来到机砖厂，我和夫人都愣住了。这是什么样的机砖厂呀？除了一座从当地买来的旧砖窑和一些简单的生产设备、一排平房外，就什么也没有了。虽然地处平原，但说老实话，条件比煤矿好不到哪里去。我想，既然组织上决定让我来当这个厂长，那就什么也不说了，撸起袖子干吧！

从哪干起呢？根据当时机砖厂白纸一张的实际情况，结合我在煤矿上的工作经验，我决定先从安顿人心干起——先盖职工的住房，安居才能乐业嘛。

好在机砖厂本身就是生产实心砖的，但用成品砖盖职工住房太奢侈，我们就决定用还没有入窑烧制的砖坯盖房子。计划报经农场同意后，我们立即组织施工。当时正值夏天，我们的工程进展很顺利，不到两个月，两组前后各两排的家属住房就建好了。有了家属房，机砖厂也就有了烟火气，原本偏僻荒芜的碱草滩上整天是来来往往的人员和车辆，充满了生机和活力。

解决了职工住房问题后，就要集中精力抓生产了。

机砖厂的生产流程并不复杂：先从附近取质量较好的黏黄土，按照一定比例掺水后使用搅拌机进行搅拌，再通过挤砖机挤出砖坯形状，经过钢丝切条，一块一块切成砖坯，由工人用平板小车拉至

晾晒场一层一层码好晾干。为了防止太阳曝晒使砖坯出现裂纹和
变形，码好的砖坯墙上需要遮盖芦草席，让砖坯慢慢阴干。一个多
月后，砖坯彻底晾干，就可以入窑烧制了，这是最重要的一环。工
人用平板小车将晾干的砖坯拉入砖窑内，由内向外一层一层码至窑
顶。为了保证所有的砖坯都能够均匀烧制，每一组砖坯之间，还要
按一定距离堆放煤泥灰。待窑内砖坯码放满后，用砖封住砖窑口，
再用黄泥涂抹密封。工人从砖窑顶上的各个透气孔将窑内的煤泥灰
点燃，这时，整个砖窑的内堂就成了一片火海，温度达到1000℃。
码放整齐的砖坯就在这样的熊熊烈火中均匀受热，被烧制成型。从
砖窑点火到成砖出窑期间，工人还是很辛苦的，需要日夜盯守，随
时从窑顶透气孔添加燃煤，以确保窑内温度稳定。经过几天的烧制
后，砖就算烧好了。

烧好的砖需要等到砖窑慢慢冷却后才能出窑。有一句歇后语：
出窑的砖——定型了，说的就是这种情形。

我们机砖厂烧制的主要是红砖，很少烧制青砖。红砖和青砖的
烧制，区别主要在窑内温度的控制。当窑内的砖坯被烧制成型后，
如果此时慢慢熄火，让外界的空气进入窑内，出来的就是我们常见
的红砖。如果想烧制青砖，则需要在高温烧制砖坯时，用泥封住窑
顶透气孔，减少空气进入窑堂，使窑内温度有利于青砖烧制，再在
用土密封的窑顶上用水冷却，以达到降温的效果，直到完全冷却后
出窑。

那时，改革开放刚刚开始，城乡发展春潮涌动，建材的需求量
比较大。我们机砖厂生产的红砖供不应求，工人们经常需要加班加
点才能完成任务。砖厂经常白天机器隆隆、人声鼎沸，晚上灯火通

明、热火朝天。为了创造幸福的生活，人们都鼓足了干劲，不知疲倦地忙碌着。机砖厂的职工数量也比之前有所增加，厂里的家属一下子多了起来，一座小小的机砖厂整天热闹非凡，一派生机勃勃的样子。

在那些日子里，报纸上、广播里，整天都报道着全国各地推进改革的新举措和好消息，人们都在争分夺秒地干"四化"（工业、农业、国防、科学技术现代化），浑身有使不完的劲。1981年夏天，中央提出，在坚持革命化的前提下，逐步实现各级领导人员的年轻化、知识化和专业化。到了秋天，农场也来了新精神，说要推进干部队伍"四化"，实行生产责任制，公开竞聘，谁能实现机砖厂的高产高效、给农场上缴更多的利润，就让谁来当厂长。这个政策很有激励性和鼓动性。一时间，竞聘厂长成了人们上班下班、茶余饭后谈论的热点话题。俗话说："重赏之下，必有勇夫。"机砖厂里的很多年轻人都摩拳擦掌、跃跃欲试。身为厂长，我当时对厂里的生产、经营、销售以及后勤管理等各个方面都比较熟悉，也有当过煤矿矿长的经历，整个机砖厂在我的领导下，经营状况还算可以，职工的工资收入也比较稳定，应该说，大家对我还是比较认可和拥护的。但考虑到自己毕竟没有上过学，没有文化，从长远发展看难以适应新形势的要求。另外，当时我夫人身体不好，家里孩子多，拖累大，我在全身心投入工作和悉心照顾家人上分身乏术。经过几天几夜的思想斗争，我最终还是决定向党组织提出辞去机砖厂厂长职务的申请，成为机砖厂的一名普通职工。

艰难岁月

1979年国庆节，就在我刚到简泉农场机砖厂，集中精力解决好职工住房问题后不久，我的大女儿和大儿子、小儿子乘火车从白芨沟矿赶到山下机砖厂与我们团聚。3个孩子非常懂事，在石炭井矿务局白芨沟矿南二小学和育新中学秋季学期刚开始一个月后，自己跑到白芨沟矿教育科办理了转学手续，并自行搭乘银汝线的绿皮火车从白芨沟站一路经过柳树沟、宗别立、呼鲁斯太、陶斯沟、大磴沟、马莲滩，到达枣窝车站。我到枣窝车站去接他们，然后搭乘了一辆手扶拖拉机返回机砖厂。一路上，他们异常兴奋，快活得像3只欢蹦乱跳的小兔子，我却为自己没能照顾好他们而感到愧疚。

分居两处的一家人总算又到一块儿了，接下来的重要事情就是要给3个孩子转学。当时，机砖厂里除我家之外，再没有上学的孩子。其他人要么是单身，要么就是孩子还太小不到上学的年龄。

离我们机砖厂最近的学校只有厂子西南方向5千米左右的平罗火车站小学。为了给孩子们转学，我在平罗火车站小学和平罗县教育局之间跑了几趟，多次协调。学校总算同意转学，但必须要进行入

2022年春节，金国忠的孙女学写春联

学考试。为了确保入学考试顺利通过，我每天下班后的第一件事就是督促几个孩子背书。

孩子们的入学考试都很顺利，转入的班级也确定了下来。可是难题随之而来——学校没有多余的板凳，上三年级的大儿子和上一年级的小儿子需要自带板凳。于是，我连忙请人给两个孩子打了两条木板凳让两个孩子入学时扛到学校，并再三叮嘱他们要看好板凳，不要丢了。随后的几年里，每当开学时，孩子们都要把板凳从家扛到学校；等到学期结束后，再将板凳从学校扛回家里，以防丢失。看着个头很矮的小儿子三三扛着板凳艰难行走的样子，我的心里很难受。可是又有什么办法呢？当时的条件就这样，我只能在心里安慰自己：也许小时候吃的这些苦让他们一生受用。

日子就这样在我们一家人的奋斗中平平淡淡地过着，吃的是高粱米，穿的是粗布衣，条件虽不富裕，但一家人在一起倒也开心快活。

只可惜好景不长。1980年春节前的一天，我夫人突然大出血晕倒。当时的情况突然又紧急，我有些措手不及。在紧急联系到车辆后，我把在外面玩耍的孩子叫了回来，叮嘱了几句后，就连夜把夫人送往宁夏医学院附属医院抢救。那时的路况车况都不好，车速上不来，夫人昏迷不醒，我心急如焚。经过一路颠簸，总算到了银川。进了医院，医生很快诊断出是子宫大出血，有生命危险。夫人当即被送进了抢救室，我在抢救室外徘徊不停，内心焦虑而无助，两头担心又着急，却束手无策。一头担心抢救室里夫人的病情，一头担心家里的几个孩子没人照看。好在吉人自有天相，在大夫的全力抢救下，夫人脱离了生命危险，但需要住院治疗。我向厂里请了假，留在医院照顾夫人，同时也让厂里的人给家里的4个孩子报个平安，让他们自己照顾好自己，安心学习，上学时记着把家门锁好，回到家晚上注意煤烟防止中毒。在当时的条件下，我能做的仅此而已了。

在我陪护夫人的日子里，我们的4个孩子是怎么过的，那时没有电话，我们无从得知。只是偶尔从来医院看病的熟人那里打听到一些零碎的消息，得知他们一切尚好时，我和夫人的内心才稍稍平静一些。两个月后夫人出院，我们才听孩子们讲，厂里有一个好心的同事每天到家里帮着做饭、洗衣服、收拾家务，才不至于让他们的生活乱套。孩子们每天早出晚归，回家后就是在家写作业，也不到处乱跑去玩耍。生活磨炼了他们，让幼小的他们过早承受了生活的艰辛和不易。

1980年夏，夫人出院后身体依然虚弱，不能下床，只能在家静养。每天我去上班、孩子们去上学，家里只有她和5岁的小女儿。为了给她解闷，我把家里仅剩的几百块钱拿出来，跑到平罗火车站的供销社，买了一台橘红色14英寸日本产的三洋黑白电视机。有了电视机，家里的气氛一下子活跃了起来。每天晚饭后，左邻右舍的同事来我家看电视，地上、床上坐的到处都是人，以至于把孩子的床都坐塌了两回。家里人多了，热闹了，夫人也不觉得孤单寂寞了，但我们也感觉到每天家里来这么多人看电视，其实对孩子的学习有很大的影响。所以，后来我家搬离机砖厂时，我和夫人毅然决然地把这台电视机便宜卖给了厂里的其他人家。

我夫人在家养病期间，家里的重担全部压在了我一个人身上。工作上的压力、生活上的窘迫、身体上的劳累、为孩子学业的担忧，让我忧心忡忡、身心疲惫。每天，我就像个上紧发条的陀螺一样，一刻不停地转着。早上骑自行车送孩子上学，白天忙碌厂里的各项杂事，中午给夫人做饭，晚上给孩子做饭，从早忙到晚，已经近乎机械和麻木。可以说，1980年，我一生中第一次如此真切而实在地感受到了生活的艰辛和不易。在这之前，尽管生活也很艰苦，但我从来没有一个"怕"字和"忧"字。看着一大家人都要靠我去照顾，我生怕自己累倒，给这个本已十分困难的家庭增添更大的困难。我时时给自己打气："一定要挺住，一切都会好起来的。"好在我们的几个孩子都很懂事，看到家里的境况，他们总是想办法为家里分忧解愁。我的大女儿特别懂事，只要有空，总是主动地承担家务——洗衣服、做饭、打扫屋子和院落，减轻了我的体力劳动，让我感到莫大的慰藉。

尽管如此，由于家里人口多，夫人又卧病在床，经济十分拮据，总是捉襟见肘，几个孩子几年也穿不上一身新衣服。往往一件衣服老大穿了给老二，老二穿了给老三，还没等到老四穿时，衣服就已经破得不成样子了。两个男孩总嫌姐姐的衣服样子是女式的不愿意穿，为这总是被我训斥。两个儿子的球鞋总是要等到鞋子磨破脚趾头露出来了，才能换双新的。我会在某一天中午骑自行车去学校接他们回家，路过平罗火车站新生机械厂西大门旁的那片沙枣林时，把他们已经破得不能再破的球鞋扔掉，再把新买的鞋子给他们换上。

1980年"六一"儿童节前，大女儿红霞和小儿子三三跟我和夫人说，学校要组织少先队员去银川中山公园游玩，学校组织车辆，学生自带钱物和食物，算是对少先队员的奖励。当时，大女儿是四年级学生，早已经加入少先队，小儿子刚上一年级，是"六一"儿童节刚刚加入少先队的。能去一趟银川，对于那时的很多大人来说都是一种奢望，更别说是两个小孩子了。看着两个孩子兴奋不已的样子，我和夫人却犯了愁。家里实在没有钱了，可怎么才能不让孩子的希望破灭呢？我们翻箱倒柜，找遍了抽屉、床沿的边边角角，连同钢镚一起总算凑了6毛钱。考虑到女孩子不能在外太寒碜，就给了大女儿红霞4毛5分钱，剩余的1毛5分钱给了小儿子三三。当时，三三嘟着小嘴，眼泪在眼眶里直打转。我和夫人连哄带骗才让他接受了这个现实。我知道这点少得极其可怜的钱对于两个孩子特别是小儿子来说，肯定会让他在同学面前羞于启齿、抬不起头，但我们又有什么办法呢？权当是对孩子的一种磨炼吧！

第二天，至于他们怎么坐车去的银川，怎么逛的中山公园，怎么面对同去的老师和同学，我想都不敢想。直到傍晚，看着他们兴高采烈地从学校回来，知道他们玩得很开心时，我内疚的心才稍稍平复一些。我问三三："那1毛5分钱是怎么花的？"他告诉我："进中山公园大门花了5分钱，骑电动转马花了5分钱，兜里还剩5分钱。"我说："你就没买根冰棍吃吗？"他说："舍不得。"顺手从兜里掏出那5分钱给我看。我摸着他的头，扭过脸去，什么话也没说。

就在两个孩子去银川游玩那一天，家门口来了一个卖雏鸭的，两毛钱一只。我一想，家门口就是明水湖，正好可以养些鸭子补贴家用。于是东借西凑了4块钱买了20只小鸭子，加上卖鸭人一高兴又白送了2只，一共22只鸭子。为了养好这些鸭子，我在自家的院中挖一个小水池，为了防止池水渗漏，我找了一些塑料布铺在下面，再放上一池水让鸭子在池中畅游。孩子们从门前的明水湖里抓了些小鱼小虾放在水池里让鸭子自行捕捉进食。为了防止鸭子跑出院门走失，我们又用砖块将院门拦住。天热时，孩子们赶着这群鸭子去明水湖里嬉戏玩耍。孩子和鸭子回来时，院子里充满欢快的笑声，让我们全家暂时忘记了生活的艰辛和忧愁。3个月后，这群鸭子已经全部长大，一个个毛色光滑、嘴巴宽大、身体肥硕，走起路来摇头摆尾，满院都是它们嘎嘎的叫声。虽然孩子们很不情愿也很恋恋不舍，但我还是分两次到平罗的集市上把这群鸭子卖掉了，换来的是孩子的两双球鞋和一些日用品。在我们全家最困难的时刻，那群鸭子给我家里带来了快乐，也给家里做出了贡献。鸭子也许不会知道它们的贡献，但我们全家人每每忆起，感慨万千。

想想那时，条件真是艰苦。我们砖厂职工虽然吃的是国家供应粮，但家家都是一大家子人，很多人家手里别说余钱，连平时买菜、给孩子交学费书本费的钱都没有。家家都在想尽一切办法四处找钱，贴补家用。到离厂十多里外的简泉农场九队去拾麦穗，几乎是一夜之间就形成的共识和默契，这是改善家庭经济状况的一个不错的办法。时间恰逢孩子们放暑假。一大早，我们全家就收拾齐整，背着干粮和水壶出门了。我夫人那时身体基本恢复，已能下地行走。我骑着自行车，车前梁上坐着小女儿红艳，后面坐着我夫人，沿着坑坑洼洼、松软的沙土小路走在前面。其他3个孩子跟在后面，边跑边走赶往目的地。一路上看到的全是我们机砖厂的职工和家属。看到这些，我这个当厂长的既内疚也无奈。在当时那种情况下，大家倒也能够理解。

我们在漫无边际的白碱滩和沙丘中，沿着前面的人踏出来的小路艰难前行。起初自行车尚可骑行，走到中途时只能推着前行了，即便如此，车轮还是常常陷入沙窝中。经过一个多小时的艰难跋涉后，我们总算到了简泉农场九队麦田。平整宽广的麦田被一道道农田林网分隔成若干块，这是农田防风固沙、增加产量的科学有效的举措，对于我们这些从小在农业社长大又长期从事农业生产的人来说早已司空见惯了。我们无暇欣赏田园风光，也无须考虑从何入手，只是把自行车往田埂上一放，便投入到拾麦穗的"战斗"中去。说这是一场"战斗"也不算夸张。放眼望去，目光所及之处尽是人，三三两两、弯腰弓背。人们手脚麻利、动作敏捷、心无旁骛地在麦田中穿梭。如果不抓紧时间、行动迅速，只能是两手空空、望"田"兴叹了。简泉农场九队的麦田是方圆规模较大的农田，每年都会有很多来自四面八方的人们来这里拾麦穗，包括九队的职工和家属，对此农场从不阻拦。表面上是九队管理粗放，没有做到颗粒归仓，实际上却通过这种方式帮助了无数个困难家庭。弯腰行进在宽广无垠的麦田中，总有颗粒饱满的麦穗如人所愿地进入你的眼底、来到你的指间，甚至有时发现靠近田埂的地方竟然还留着几垄未曾收割的麦子，这显

金国忠、莫秀英的印章

然是农场的同事们心照不宣地有意为之。看着远处冲你颔首微笑的九队的职工，每个人都会对他们的善意心存感激。

用不了多久，每个人的怀里就抱满了带着麦秆的麦穗，等到实在抱不下后，才走出麦田，放下成抱的麦穗，满意地擦两把汗、舒两口气、喝两口水、看两眼战果，再急匆匆地返回麦田继续"战斗"。

临近中午时分，麦田里的麦穗绝大部分被收拾干净。烈日当空，拾麦穗的人们疲惫不堪，拾麦穗"战斗"暂告一段落。人们或在水渠边洗手洗脸，或靠在树下席地而坐乘凉，或拿出早上出门时带来的干粮慢慢咀嚼，更多的人则是边休息，边将拾来的麦穗碾压揉搓，去壳脱粒。我们也和别人一样，将麦穗脱粒，借着风将麦壳滤净，只剩下一堆饱满的麦粒，竟然装了整整一大蛇皮袋。看着这用汗水换来的劳动成果，我们全家人脸上都绽出了满意的笑容。在我的眼里，这一蛇皮袋麦子，就是两个女儿身上的夏衣、两个儿子脚下的球鞋、孩子们书包里的铅笔和作业本，就是家里尚缺的零碎用品和餐桌上的肉蛋、蔬菜和瓜果。

生活虽然艰辛，但日子还得继续。谁知"屋漏偏遇连阴雨"，就在我夫人的身体尚在恢复阶段时，大女儿红霞的下颌处无缘无故地长了一个瘤子。那时我们也不懂良性恶性之说，只是觉得这个日渐肿大的瘤子既不美观，又影响孩子的身体健康，于是就领她到平罗县医院去看。医生说要做手术，这倒把我给难住了。夫人生病住院已经把家里仅有的一点积蓄全部花完了，我们还借了外债。现在要给红霞做手术，钱从何来？俗话说："有钱男子汉，没钱汉子难。"那段时间真把我难坏了，为了不让孩子失望，背上心理负担，我不动声色地在绞尽脑汁想办法。周围的邻居和同事已经给了我很多帮助，我不能再向他们张口。单位经济效益一直不景气，职工的工资都快成问题了，我这个厂长不能给厂里添麻烦。只能从自己的几个兄弟那里想办法。我二弟在石炭井矿务局乌兰矿当工人，一个人下井挣工资养活一大家子人，我不忍心开口。我四弟随二弟也在乌兰矿当工人，单身汉一个，还要自己攒钱娶媳妇，我不想开口。老五、老六年龄尚小，在老家帮着我父母务农，家里条件不好，我不能开口。想来想去，我三弟金国仁1973年到了陕西三原去当兵，吃穿有保障，部队每个月还有几块钱的补助，应该可以。于是，我们想办法给老三挂了一个长途电话，说明了情况。几天后，老三从陕西给我们邮来了几十块钱，红霞的手术费有了着落。也算是孩子有福，手术做得很成功，出院后在家休养了半个多月就可以继续上学了，而且没有留下任何后遗症。

1981年春，我夫人恢复了健康，重新回到了工作岗位。我家紧张的经济状况略微有些改善，但一家人的日子还是过得紧紧巴巴。当时，国家刚刚实行改革开放不久，条件艰苦、经济状况差，是绝大多数家庭的普遍状况。现在，我们国家发生了翻天覆地的变化，老百姓的生活也是一天比一天好，真可谓赶上了好时代，生在了蜜罐子里，享福哩！我受了大半辈子苦，能过上现在这样的幸福生活，我很满足。你们年轻人特别是后代人，享着今天的福，不要忘了昨天的苦。天上不会掉馅饼，幸福都是奋斗出来的。我们的国家、我们的社会能有今天这样的安定祥和、兴旺发达，都是共产党领导的结果，都是人民艰苦奋斗的结果。

再上矿山

前面说过，因为改革的新形势新要求，我深感自己的知识、能力有限，便从机砖厂厂长的位子上毅然辞职，甘愿成为一名普通职工。万万没想到的是，由于新上任的年轻厂长采取的一些改革措施不太符合实际，经营管理不善，加上市场影响，厂子的经营状况急转直下，举步维艰，厂里连续半年发不出工资，我们一家人的生活很快就陷入了困境。最困难时，竟然连3个孩子开学时的十多块钱的学费和书本费都要向邻居借。我常常因为一家人的生计无法保证而从梦中惊醒，神经高度紧张，几乎到了崩溃的边缘。在万般无奈的情况下，我和夫人考虑再三，只能向农场场部提出再次回到白芨沟场属煤矿工作的请求。

农场考虑到我家的实际情况，答应给我们调整工作单位，但不是让我们回白芨沟煤矿，而是去位于枣窝的石英矿。我和夫人为此专门去枣窝石英矿看了一趟，发现这里前不着村后不着店，附近连个学校也没有。如果去那里，我和夫人的工资收入是会有所增加，但孩子们的学业前途就耽误了，那绝对得不偿失。于是，我们向农场明确回复，要去就去白芨沟场属煤矿，枣窝石英矿坚决不去。农场看到我们的理由充分、态度坚决，便答应了我们的请求。就这样，1982年8月，上学的3个孩子念完一学期放暑假后，我们再次举家搬迁到贺兰山深处白芨沟的简泉农场所属的红湾煤矿。再次搬回煤矿，我感慨万千。6年前我是这里的矿长，6年后当我再次回到这里时，已经变成了一名普通的煤矿工人。我并不留恋往日当矿长时的风光，只是觉得命运竟是这样捉弄人。

这次再回矿上，6年前相对宽敞整齐的住房已经被后来的职工住满，我们全家只能搬进一排只有外墙糊泥的低矮的石头房，其中最里面靠山坡的1间屋子，直接以山石为墙，阴暗潮湿，石缝里经常有蝎子爬出。这样的情况大约持续了两个月，直到我们所住的这排高低不齐的石头房最外侧3间房的住家搬走，我们才搬进条件相对稍好的房子里去。

时过6年，矿上的生产经营状况也发生了很大的变化。随着全国经济的日渐活跃，各行各业对煤炭的需求量剧增。每天来矿上买煤拉煤的车辆排起了长队，进入矿山的道路尘土飞扬，煤矿上车水马龙。生意兴隆、热闹非凡的煤矿门庭若市，与冷冷清清、门可罗雀的机砖厂形成了鲜明的对比和极大的反差。看到我们的工资能够按月足额发放，孩子上学的学校教学质量尚可，一家人的生活又有了保障，我和夫人的心总算安定了下来，看来我们二进矿山的决定是完全正确的。

为了尽快改善家里的经济状况，我和夫人在工作之余总是不闲着。那时，因为矿上条件简陋，井口煤场堆放的煤炭经常会被突发的山洪冲走，几里长的山洪沟里到处都是煤块。每逢这时，矿上就

白芨沟矿2号桥（2010年）

白芨沟矿街景（2010年）

会组织矿工到山洪沟里去捡煤，把因山洪造成的损失降到最低。可是，哪里能全捡回来呀，露出沙土表面的煤块被捡回来，那些埋在沙土下面的煤块就顾不上去掏了。于是，我和夫人便带领4个孩子，扛着铁锹和筛子，拎着破旧的铁桶和废弃的搪瓷脸盆，一锹一锹地掏挖那些被山洪冲刷掩埋到沙土下面的煤块，再一桶一桶、一盆一盆地倒到路边。古人说："聚沙成塔，集腋成裘。"就这样像蚂蚁搬家一样久久为功、用心用力，我们的煤堆从无到有、从小到大，竟然足够装一整车。当把这一堆煤卖给一个客户时，我和夫人手里攥着卖煤得到的180元钱，激动得说不出话来，那种心情无法言表、至今难忘。

有了卖这车煤的收入，我们的干劲更足了。为了不影响孩子的功课，我们就利用周末的时间，一家人带着干粮和水，在山洪沟里掏煤。那时，矿上单身职工较多，即便成家的职工孩子也都很小。全矿像我家这样已经有3个孩子上学的情况仅我一家。到山洪沟里去掏煤，没人和我们抢，我们全家人一下一下、不慌不忙，一副乐此不疲、悠闲自得的样子。路过的行人或是同事有时会问一声："老金，你们在那儿掏什么宝贝呢？"我就笑着答道："掏金子呢！你也来掏吧！"有时，还真有人会来到我们的劳作现场，帮着我们挖几锹沙、掏几块煤，顺便还给我们出主意，说哪儿的沙子底下压的煤多。就这样，在我们再次回矿山的第一年，我们全家利用业余时间，从山洪沟里硬是掏出了七八车煤，总共卖了1000多块钱。那是我家里有史以来攒得最多的一笔钱。有了这笔钱，我和夫人的心里踏实多了，我家经济窘迫的状况得到了很大的改善。

正是因为有了在山洪沟里捡煤的这个经历，我们全家特别是我的几个孩子尝到了自食其力、辛勤劳动的甜头，体会到了生活的艰辛和不易。从那以后，孩子们都把捡煤当成了习惯性的劳动项目和随时之举。无须催促，无须提醒，他们已经把捡煤内化成了自己的自觉行动，时常在上学或放学的路上顺手捡起从煤车上颠簸下来的大大小小的煤块，码放在路边。等回到家后，再拎着废铁桶或端着破瓷盆，把那些码放在路边的零散的煤块搬运到家门口的大煤堆

1987年夏，金国忠的4个子女在白芨沟　2022年7月，金国忠的4个子女重回白芨沟

上。就这样日复一日、年复一年，我家门口的煤堆被来买煤的车子拉走，又被孩子们用双手一块一块地慢慢堆起，时而变大，时而变小，却始终没有消失过。那堆煤几乎成了我家的坐标。时间久了，矿上的同事、周围的人都知道那堆煤是我家的，更知道经常在路边捡煤的就是我的几个孩子。

在路边捡煤成了我4个孩子的日常之举，寒来暑往，春夏秋冬，十几年间，从未中断。两个儿子在参加工作、离开矿山后，每次放假回来，看到路边散落的煤块，仍然会像之前那样从地上捡起，顺手扔到门前的煤堆上。就是这弯腰一拾的动作，为我们全家捡回来了一点一滴的财富，也培养了他们爱惜财物、勤俭节约的习惯和品德。

山洪沟里捡煤毕竟是业余之事，对于我而言，完成好煤矿交给我的任务才是正事。6年前我任煤矿矿长时，为了节约成本、增加效益，在井下一线作业的大都是本矿的职工。有时甚至女职工也下井，我夫人就曾经下过两年井。这才过了没几年，情况已经发生了很大的变化。现在，在井下一线作业的大都是雇用的临时工，本矿的职工主要负责带班、测量瓦斯浓度、开展安全检查等技术性工作。这样，就让很多职工的工作从井下转到了地面。加之地面工种也不需要很多人，于是大部分职工都只能从事煤炭装卸这类简单的强体力劳动。

这项工作虽然辛苦，但毕竟少了井下作业的危险，大家倒也各得其所，毫无怨言。每天吃完早饭，我和夫人及其他工友们便扛着宽大的方头铁锹早早等在矿井的边上，等着前来买煤拉煤的车辆。大家都是自由组合，或两个人一组或三个人一组，大多都是像我和夫人这样的夫妻搭档，全凭自己的体力，装完一车又一车，从早忙到晚。那时的车辆载重大多是四至六吨，车帮也低，装一车煤大约一个小时。最好装的车是拉块煤的，因为块煤不规则，中间有缝隙，半小时就能装满。最难装也最累人的是拉沫煤的车，一锹一锹甩进车厢，装完一车沫煤后，轻则出一身汗，重则累得近虚脱。每天装完车，满身满脸满鼻子满眼都是黑煤灰，和那些下井后满脸漆黑只露一嘴白牙和两个白眼仁的工友差不多，难怪当时人们都叫煤矿工人"煤黑子"。回到家里，洗过几次脸后，脸盆的水里都还有黑灰。尽管这样，我们还是每天希望来矿上买煤拉煤的车辆越多越好。因为我们实行的是计件工资，来的车多，我们的活就多，活多了我们的收入就多了。如果赶上下雨或下雪天，来矿上买煤拉煤的车少了或是没了，我们心里就发虚发慌，挂着铁锹把，站在煤场的煤堆上眼巴巴地远远眺望，盼望着有车辆从远处驶来。毕竟这关系到一家老小的生计啊！

日子就这样平淡如水般一天一天过去，虽然单调乏味，但总算不再为一家人的生计和衣食来源而发愁担忧。

白芨沟矿南二采区运煤道路（2010年）

白芨沟矿南二采区福利楼（2010年）

患难之交

俗话说："路遥知马力，日久见人心。"在那段艰苦的日子里，我们也结交了一帮知心交心的好朋友。和这些朋友的故事值得一书，更值得永远珍藏。

首先要说的是一群当兵的孩子们。那时，我家旁边驻扎着原兰州军区的两支工兵连队，一支是陆军部队，一支是空军部队，他们也各自经营着一个小煤窑，为部队提供煤炭补给。两支部队的连长、指导员以及战士和我们煤矿上的各家各户都很熟悉，大家彼此常来常往。平时，我们会经常去这两支部队挑水、串门、寻个物件什么的；两支部队的战士们也经常来让我们帮忙缝补衣物、到家里来聊天、领着老家来的对象串门什么的。平日里没事时，我们大人小孩会一起坐着部队的绿色军车到白芨沟矿电影院看电影。逢年过节，我们煤矿的男女老少都会去部队和战士们一起包饺子、看电视、搞联谊，部队的连长、指导员会给我们每家写春联，给孩子们批改作业，教孩子唱歌、写毛笔字。那真正是军民鱼水情深，亲如一家。也许因为煤矿上只有我家有几个上学的学生，和这帮小战士们有更多共同语言，加之部队养着一只狼狗和一只藏獒，我的两个儿子经常跑到部队去喂狗，所以这两支部队的战士们和我家走得更近一些，那两条大狗也成了我儿子的好朋友。战士们见了我和夫人总是"金叔、金姨"地叫个不停，我家的几个孩子也总是管这些小战士们"张哥、王哥"地喊得亲热。1983年底，陆军部队的战士们换防返回了位于西宁的总部，即将奔赴云南老山前线。其中一名复员的张姓战士要回甘肃张家川老家结婚，特意请我和夫人去参加他的婚礼。考虑到我们和战士们朝夕相处的感情，也考虑到家里条件日渐变好、几个孩子渐渐长大，生活能够自理的实际，我和夫人答应了他的邀请。这一年的12月24日，我和夫人及两名矿工好友自费坐着火车，从平汝线先到银川，再沿包兰线到兰州。又从兰州坐班车前往天水，再换车一路颠簸到了张家川县城，然后搭乘乡村便车赶到了张姓战士家所在的乡镇，步行走到了他家。张姓战士和他的家人都很感动，为我们跋山涉水，赶了近千里的路程前来参加婚礼

1983年12月，金国忠夫妇在兰州五泉山

而感动不已。张姓战士的亲戚朋友和当地的老乡们都轮番向我们敬酒，表达他们的谢意。我这一辈子给不少亲戚、朋友、同事出过礼，但去甘肃张家川给一个萍水相逢的人出礼，受到如此热情隆重的招待还是第一次。这充分说明人心换人心的感情珍贵，也说明了军民鱼水情的真挚实在。后来，这位张姓战士家里困难，我和夫人还时常接济他，1992年还在煤矿帮他找了一份临时工作，帮助他渡过难关。

参加完张姓战士的婚礼，我和夫人又乘车前往驻扎在西宁的一支部队，看望那群即将奔赴云南老山前线的小战士们。这些战士们看到我们从宁夏来看他们，个个兴奋不已，他乡遇故知，几个战士还激动地流下了热泪。部队首长听说我们与这些战士们的故事后，十分感动，特地安排了一间大客房让我们住。经常来我家串门的王姓战士带了2名战士亲自给我们打扫房间、铺被褥、架柴火、烧火炕，柴火的烟呛得他们眼泪直流，也顾不上擦。柴火点得很旺，炕很快便烧好了，我们一直聊到深夜。我和那些战士们睡一个屋，我夫人和朱排长的家属睡一个屋。天亮后，住在其他连队的战士听说我们来了，也赶过来看望，拉着我们的手久久不放，如同见到了自己的父母，那种兴奋和喜悦之情溢于言表、终生难忘。我们从西宁回到宁夏不久，便收到了战士们义无反顾地奔赴云南老山前线保家卫国的消息。他们在到达前线的第一时间，给我家来信报平安、寄照片和云南香烟。后来，他们有的血洒疆场，长眠于祖国的南疆，有的光荣负伤、身体残疾，更多的是立下战功后解甲归田。其中，天水甘谷的王姓战士复员后，第一时间回到矿山来看望我和夫人，还专门跑到银川去看望在那里上学的我的小儿子。2008年，我小儿子一家外出旅游路过天水，也特意去看望了那位王姓战士。

那次去西宁看望部队的战士们，时间虽然短暂，但让我和夫人终生难忘。回来后夫人常常对我说：一根麻绳容易断，拧成一股拉不断。军民团结如一家人，才能保卫幸福与和平。之前，我夫人在生活条件稍好后对吃穿开始讲究。但自从那次甘肃、青海之行后，我发现她对吃穿渐趋朴素，并且时常教育我们的孩子一定要树立艰苦朴素的作风，努力做一个对国家和人民有用的人。我之所以要把这件事写入家史，就是要告诉家人：有国才有家。我们虽是一介平民，但要有家国情怀。"民拥军、军爱民"是渗入我们骨髓的优良传统，对国家的"钢铁长城"人民军队、对保家卫国的人民子弟兵，我们要永远视为家人，热爱拥戴。

第二个要说的是一群农民兄弟。1983年，国有企业开始进行经营机制改革，主要的一种方式就是承包经营。我们煤矿和附近部队的煤矿也开始进行经营方式改革，将无力经营或经营状况不佳的矿井对外承包，让有意愿、有能力的人来经营。当时正值国家改革开放初期，百业待兴，大家热火朝天、摩拳擦掌、跃跃欲试，准备在改革开放的大潮中一显身手。前来承包煤矿的人中有一帮来自中卫县的农民兄弟，其中有镇罗镇的张家六兄弟，大家都称呼为张大、张二、张三……直至张六；还有韩姓、钱姓诸兄弟，带了一大帮中卫老家的乡亲们，让人数不多、有些冷清的煤矿一下子热闹了起来。这些农民兄弟到来后，很快就和我家走得很近。因为他们听说我曾经当过煤矿矿长，懂采煤，又是个老实人，不欺生，对人热诚，加上家风家教好，几个上学的孩子也都很不错，于是便自然而然地与我们由不熟悉到熟悉，进而常来常往了。

　　那时的生活条件很差，不仅物质匮乏，精神文化生活也单调乏味。每天一下班，这些承包煤矿的农民兄弟们无处可去，就来我家串门。他们对我和夫人总是"老金哥长、老金嫂子短"地叫着，对我们的几个孩子也很亲热，遇到饭点也和我们家人一起吃些粗茶淡饭，大家在一起很亲切也很随意，从不见外，用他们自己的话说，"到了老金哥家，就像到了自己家一样。"那几年，用"门庭若市"这个词来形容我家一点也不为过。每天我家都会有人来，不是你刚走，就是他又来。大家在一起从煤矿的生产说到老家的特产，从矿山的变化说到国家的大事，从身边的某人某事说到自己的家人家事，一说起来就兴奋异常、没完没了，不到睡觉之前决不罢休。家里的茶壶水经常烧了一壶又一壶，香烟也是抽完你的抽我的，屋里常常烟雾缭绕、灯火通明、笑语满堂。好在，我家住的是连排三间石头房，农民兄弟们来我和夫人住的主屋聊天，并不太影响隔壁

2013年8月，金国忠夫妇与孙子绍鹏在嘉峪关

几个孩子的学习。在和这些农民兄弟的交往中，我们了解了矿山之外的一些情况，也了解了他们的喜怒哀乐，更理解了他们的艰辛不易，更加心甘情愿、尽己所能地帮助他们解决一些煤矿生产、日常生活中遇到的困难和问题。张大、张二、张三、韩二的家属来煤矿探亲，必定要领到我家来吃上一顿饭、坐上一天半天，他们的孩子也和我们的孩子交流玩耍得很愉快。张四、张五找对象时，总是先请我和夫人帮着参谋把关。张氏兄弟的大外甥建平从内蒙古乌海来煤矿帮忙，也成了我家的常客，和我们几个孩子成了好朋友。

我出车祸受伤后，张氏、韩氏兄弟主动伸出援手，帮助我家渡过难关。他们在我住院期间，特意拎着罐头步行到十多里外的白芨沟矿医院探望慰问；我在家休养身体时，他们从中卫老家带来猪肉和大米给我滋补身体；为了改善我家经济窘迫的状况，他们有意安排我的几个孩子利用假期到他们的矿井口上去看库房，每月发三百块钱以补贴家用；他们在春节回乡期间，特意安排我的两个儿子帮他们看煤场，睡在他们的职工宿舍里，并给他们发工资；他们在我家由低矮的石头房搬到矿上新盖的砖房时，专门安排工人来帮助我们搬家；他们在我家要自建伙房时，又热情地搭手帮工……在那段艰难的日子里，我们与张氏、韩氏诸兄弟互相鼓劲、互相帮助，结下了深厚的友谊。这种友谊在那个困难阶段显得尤为珍贵，它给了我们力量，让我们挺直腰杆、走出困境、渡过难关。这种友谊历经岁月和风雨考验，延续至今，不曾改变。离开矿山后，我们曾像走亲戚一样去中卫看望张氏、韩氏弟兄，参加他们孩子的婚礼，一起游览沙坡头景区。1997年，张大在大武口生病住院，我和家人常去探视。2019年国庆节期间，我夫人和几个孩子专程开车到中卫看望张大，共进晚餐，叙旧话新。

我之所以要用这些笔墨来记述我和这帮真诚质朴的农民兄弟之间的友谊，就是要告诉家人，做人不能忘本，做人要知道感恩。在我家遭难时，这帮农民兄弟给予了我家无私的帮助，对他们的恩情我会感念一辈子。

大难不死

▼

1985年1月24日，是我和我的家人一生都不会忘记的日子。

那天一大早，我和其他两个工友顾不上吃早饭，提着铁锹到位于半山腰的井口煤场，给赶早路的车辆装煤。因为车主拉的是沫煤，不一会儿，刚刚还是空空如也的车厢很快便被装满了。大家如同往常一样搭着刚装满的煤车下山准备回家吃早饭。我坐在车厢前头有栏杆的位置，其他两个工友坐在车厢尾部。山路弯弯，崎岖颠簸，车速很快，我们坐在装满沫煤的车顶上摇来晃去。我双手紧紧抓着车帮和栏杆，嘴里还一个劲地嘀咕：司机咋开这么快？就在我们开始有点担心时，车辆突然一个侧翻，我和其他两个工友猝不及防，被狠狠地甩了出去。我只觉得天旋地转，两眼发黑，身体被车辆重重压在下面，很快便没了知觉。不知过了多久，在一阵慌乱的嘈杂声中，我睁开了眼睛，这才发现我被死死地压在车厢下面，旁边就是刚才还紧紧抓住的车厢栏杆，不过这时的车厢是反扣着的。我的头和脖子露在外面，身子完全被压在车下。我下意识地动了动腿，感觉自己的腿还能动，似乎没有受伤，这让我多少有些庆幸。

1984年秋，金国忠夫妇在白芨沟矿

从山下赶来的人们喊着号子，七手八脚地把反扣的车辆抬起来，把我从车厢下拉了出来。这时，我才感觉到自己的胸部生疼，很快又昏过去了。

等我再次醒来时，已经是在白芨沟矿医院的病床上了。我夫人和女儿、儿子还有矿上的几个同事站在床边，愁容满面，焦急万分。听他们说，我的右锁骨被压断了，肺部受到了挤压，需要继续观察，好在没有生命危险。其他两个工友由于被甩出了车外，恰好又被甩在了靠路一侧的山坡上，只是受了点轻伤，没有大的影响。同在一个病房的3个难兄难弟看到自己捡了一条命回来，已是不幸中的万幸了，大家开始互相安慰、开起了玩笑。受伤的老李说自己是从阎王殿上走了一遭，阎王可怜他一双儿女尚未成人，便把他放了回来。一个同事接话说："你那算个什么，只是蹭了点皮，人家老金才真正是大难不死，必有后福呢！"我深叹了一口气说："大难不死是真的，哪有什么后福呢？"几个同事还有老李不约而同地说："怎么没有后福？你这几个儿女将来长大成人了，就是你的福气哩！"他们这席话给了我和站在床边的夫人些许安慰，我夫人说："打起精神，好好养着，一切都会好起来的！"

后来我才得知，我们搭乘的那辆煤车是因为刹车失灵才发生翻车的。开车的是一个实诚的河南小伙子，我们平时都认识。幸运的是小伙子毫发未损，只是受了点惊吓。我们住院的当天，小伙子也陪着来到了医院。在后来的日子里，他时不时拎着罐头来看望我们，总觉得对不起我们。我们也安慰他："是机器失灵，出事不由人，怨不得你，以后开车小心点就是了。"在孩子们轮流到医院照看我时，我又得知，夫人在得知我出事的第一时间很镇静，她首先安顿好家里的事情，再带着我大女儿和大儿子赶往事故现场的路上，还特意叮嘱他们不要哭。在我住院期间，她又是找单位领导，又是联系大夫，医院、单位、家里来回跑。在家做好饭走上十多里山路送到医院来，再用勺子一勺一勺地喂我吃饭，照顾我的生活，从没有在人面前掉过一滴眼泪，很坚强。一想到这些，再看看自己目前的状况和几个未成年的孩子，前途未卜、世事难料，我突然很心疼夫人，也感到一阵心酸难过。

同病房的那两个工友只住了一个星期的院就办了出院手续。而我因为肺部有点感染，加之压断的锁骨尚未做接骨手术，在白芨沟矿医院住了一个多月。其间，听从医院大夫的建议我曾到宁夏医学院附属医院去会诊。本打算一并做锁骨的接骨手术，没想到X光片一照，发现压断的锁骨已经长出了新骨，只是没有对缝生长，断了的锁骨高高地翘着，连接处鼓着一个大包。我问大夫这有什么影响，大夫说：

2020年春节，金国忠和孙女、孙子在家中

"也没什么大的影响，就是鼓着个包不太好看，再有就是以后不能再干重体力活了。"我一想：只要没有大的影响，鼓着个包就让它鼓着去吧，更何况做接骨手术还要花不少钱，于是便说："不做了，回家！慢慢养着就好了。"

从白芨沟矿医院办了出院手续，我回到家中休养。因为胸部仍觉得疼痛，我不能下地，每天只能躺在床上，或倚着被子靠在床上。虽然不能干活，但毕竟回家了，我夫人和孩子们都很开心，家里又有了笑声。但是没过多久，这种愉快的气氛就让单位不给报销住院费用的不快给破坏得一干二净了。据单位领导讲，我们这不属于工伤，原因是我们搭乘顺路车辆回家属于违规，出了事故责任全在自己，单位不管。这一答复，让我们3个当事人很失望，更是很气愤。根据国家规定，工人在生产劳动期间受伤就应该算为工伤。即使有工人违规的因素，从人文关怀的角度，也应该给予适当的慰问和补偿。更何况在我们矿上，工人搭乘煤车上班下班已经是司空见惯、习以为常，矿上从未明令禁止或提醒过。那时煤矿的管理极不规范，更谈不上依规管理，加之个别矿领导搞一个人说了算，我们3家只能到简泉农场场部去评理。场部的领导说："你们所在的单位领导不发话，我们也不好办。"就这样，我们3个人住院的费用全部由自己承担。我的伤势最重、住院花费最多，可想而知又给家里增加了多少经济负担。我夫人气不过，写了材料要向上面反映。其他那两个受伤的工友知道后劝我们："算了吧，咱们还要为以后的生活、为孩子的将来着想呢！"那时，也曾想过拿起法律武器保护自己的合法权益，但是思前想后，只能是长叹一声。我夫人气得一把火把反映材料烧了。张氏、韩氏兄弟听说这事后为我们打抱不平，另外那两个受伤工友的家人也气愤不已。

这些年，我们一家人的生活发生了很大的变化。先是从煤矿搬到了大武口区，又从大武口区搬到了银川市。我们住的房子也从煤矿时的石头窝棚，换成了大武口的砖瓦平房，进而换成了银川市的楼房，而且换了两次楼房，条件越来越好。我们一家老小，个个平平安安、健健康康，生活越来越幸福。我想，"大难不死，必有后福"这句话，至少在我身上得到了验证。这个"福"，是共产党给我们带来的，跟着共产党，更有福的日子还在后头呢！

灭火队员

◆

———

从白芨沟矿医院回家休养大约半年后，我基本能够从事一些简单的家务劳动了。没过多久，我就想上班了，毕竟老在家里待着也不是个事。我把这一想法向新来的矿领导汇报后，矿领导很为难，说："你又干不了重活，干什么好呢？"我说："随便安排个工作，只要有干的，不在家里闲着就行。"

那时，由于多种原因，煤矿已经出现了不同程度的自燃现象，矿山灭火的任务也被摆上了工作日程。白芨沟矿、大峰矿的一些煤井已经发生了自燃，山头上经常烟雾弥漫，远远就能闻到刺鼻的硫黄味道。两个矿的灭火队也是整天忙个不停。我们煤矿的一个煤井也出现了火情，虽然没有明火，但是山腰也时常冒出青烟，下雨下雪时看得更真切。尽管火情规模不大，但也不能放任不管。于是，矿领导对我说："要不然，你上山灭火去。"我没有犹豫，立即就答应了。

第二天，我扛着铁锹，找到矿领导，问和我一起去灭火的还有谁。矿领导说："哪还有什么人呀？就你一个人。"我说："我一个人单枪匹马地咋灭火呢？"矿领导说："你根据情况看，能灭多少就灭多少，本来就没打算指望你能灭火，只是给你找个干的工作而已，你还当真了？"我说："好好好，我服从组织安排，让我上刀山下火海我也没啥说的。"

于是，每天我就一个人扛着一把铁锹，早上从家出门上山灭火，下午后半晌再下山回家，雷打不动。只是有时锁骨实在痛得厉害就不去了。矿上的同事经常远远地看到我一个人在山上灭火，像头老牛在吭哧吭哧地犁地，也是关心我，就开玩笑说："老金，你的伤才好了几天？差不多就行了，也没人盯着你，能干多少就干多少，别累着自己了。南四（矿山的一个方位）那一片的煤山着火，专门安排了一个几十人的灭火队都没啥效果，你一个人就是有天大的本事，又能把这片煤火咋样呢？"我只是笑笑，也不说什么。我知道，这么大的一座山、这么多的出火点，凭我一己之力那真是起不了多大的作用。但既然矿上安排我这项工作，我就应该尽心尽力地去做，至少换个心安理得。

说起这灭火工作，还真是挺辛苦也挺危险的。说它辛苦，是因为灭火根本没有什么机器设备，只是靠我一个人、一把锹而已。工作虽不复杂，只是将冒烟的地方用土掩盖住，阻断空气的进入，让着火之处缺氧，从而达到灭火的目的。但出火情、冒烟的地方点

2009年1月，金国忠夫妇在北京天坛

2008年5月，金国忠夫妇在黄帝陵

多线长，往往又都是在半山腰或接近山尖的部位，我要爬上爬下，一条缝一条缝去堵，一个人根本就忙不过来。而偏偏我又是个从不会偷奸耍滑的人，只要看到有冒烟的地方，都要盖上几锹土，把冒烟的缝隙堵上，每天一个人在冒烟的山坡上上去下来，下来又上去，经常一不小心就滑倒跌跤，身上总是沾满尘土，确实很辛苦。说它危险，那是真危险。且不说有的地方冒烟的缝隙宽，稍不留心就有可能掉进去；光是那些下面已经烧空，山皮已经发酥，时不时就会塌陷的地方就让人心惊胆战。有一次，我看到山坡上有一处前一天刚用土掩过的山缝烟冒得更加厉害，便爬上去再次用土掩盖。刚盖到一半时，我感觉脚下有些松软，一股刺鼻的煤烟味直冲面门，我仔细一看，大事不好，刚才的缝隙逐步在变宽变大。我赶忙往旁边一跳，顺势一倒，滚下了山坡。就在我惊魂未定之际，只听到"哗"的一声，刚才我站立的那片山皮轰然塌陷，面积大约有一间房子那么大，塌陷中心有十几米深，塌陷的边缘离我只有五米左右。我惊出了一身冷汗。好悬啊！再慢一点，我就随着这一片塌陷的山皮掉进深坑，那下面可是一片通红通红的火海。我一个人坐在那里直发呆，越想越后怕。回到家后谁也没告诉。有了这次经验，以后我再上山掩盖烟缝时，都先仔细观察一下山坡表面的变化，用耳朵仔细听一听声音，再用铁锹敲一敲、探一探脚下虚实，确定安全无疑后，才上前开展工作。

家人对我一个人每天上山去灭火也很担心，总是提醒我要注意安全。我怕他们担心，特别怕子女因担心我的安全而影响到他们学习，就装作若无其事的样子，轻描淡写地说："没事，好着哩，我会注意的，你们放心。"话虽这么说，每天上山，我还是抱着十二分的小心，不敢有丝毫的马虎大意。因为我知道，我的安全关系到全家人的平安幸福，哪怕每天少干点，也要确保万无一失。

就这样，从春到秋，从冬到夏，我一个人当了一年多的灭火队员。后来，终于因为煤山出火的情况越来越复杂，矿领导看到我一个人去灭火既危险，又没有多大的成效，就不再让我去灭火了。我也就此结束了矿山灭火队员的使命，等待组织的再次安排。

仓库保管

▼

　　我不干灭火的活儿没多久，矿上又有一项工作找到了我。那时，煤矿的管理逐步趋于规范，特别对煤矿生产常用的雷管、炸药等爆炸品的管理越来越严格。我们煤矿原先那种粗放式的管理已经不能适应上级相关部门的要求。煤矿因为仓库管理不善，时不时被前来检查的煤监局和公安局领导批评。仓库管理事关重大，矿领导觉得我这个老党员为人厚道，忠诚可靠，工作认真，坚持原则，是当仓库保管员的不二选择，便决定把仓库钥匙交给我，让我来当这个仓库保管员。

　　别小看仓库保管员这个岗位，它虽然不为人关注，但是责任重大。每天进进出出各式各样的生产资料，光是进货单、出货单就一大堆。我每天要一样一样地清点，一样一样地登记，再一样一样地码放整齐，做好标记，做到账账相符、账物相符，不敢出一点儿差池。特别是对进库出库的雷管、炸药，我更是加上十二分的小心，一把一把、一捆一捆地数清楚，一张单子、一张单子地填写明白，做好入库出库手续，生怕搞错。

白芨沟矿街景一角（2015年）

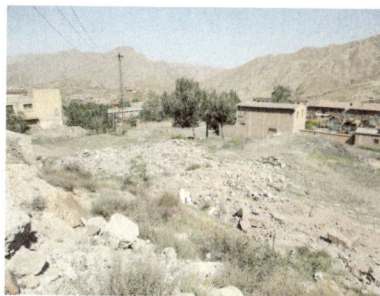

白芨沟矿南二小学原址（2015年）

说实话，刚干这个活时，还真让我手忙脚乱了一阵子。先是在与前任保管员交接时，仓库里的每一样东西，我都挨着清点了一遍，从早上一直数到晚上才算结束。等到我每天收货发货时，就更加麻烦。由于我不识字，有些入库出库单上的字搞不清楚，就要让别人帮我认，这样一来影响了收货出货的速度，二来也会带来有人浑水摸鱼的风险，于是我就特别小心。每天下班后，我要把仓库的锁检查几遍才敢离开。为了核对每天的收货出货数量，我要把当天产生的票据全部带回家中，让我夫人或孩子们帮我再核对一遍，随后小心翼翼地锁在家里专门准备的票据箱子里，一年365天，天天不敢有丝毫的大意疏忽。

雷管、炸药是仓库保管中的重中之重，也最容易出纰漏，更是上级部门每次例行检查的必查项目。在这方面，煤矿是有教训的。

记得20世纪90年代之前，煤矿的雷管、炸药管理比较松散。20世纪80年代初期，逢年过节，我们煤矿的年轻人还拿雷管、炸药当鞭炮放，幸亏没有出过什么事故。那个时候，零星的雷管随处可见：煤矿的井口处、堆积的煤场上、矿工的口袋里、矿领导的办公桌上、矿区的垃圾堆里、矿工家里的抽屉里，甚至孩子的书包里，总能见到雷管的影子。在这种情况下，雷管爆炸炸伤人的事情就时有发生。我女儿和儿子的一位英语老师，曾经没收了几枚学生上课时玩耍的铜雷管，随手放在了自己办公桌的抽屉里，时间一长，他也忘记了此事。不承想在冬天的时候，因为放在抽屉里的雷管被紧靠办公桌的火墙炙烤，有一天在他拉开抽屉的瞬间，雷管突然爆炸，将他的一只手和一只眼睛炸伤，导致他从此告别了他喜爱的三尺讲台。这件事，在白芨沟矿引起了很大的反响和震动。或许是从那时起，人们对雷管、炸药管理不善所带来的危害才开始有了切肤之痛的认识。煤矿、学校、领导、老师、家长也都开始切实加强了对雷管、炸药的管理和对孩子们的教育监管。加之后来煤矿监管部门、公安部门对煤矿的安全生产、爆炸物品的管理日趋严格，煤矿上从此以后再也没有发生过雷管、炸药炸伤人的事情。

2021年5月，金国忠（前排右二）和家人在陕西汉中

在我当仓库保管员时，雷管、炸药的管理越来越严格，也越来越规范。为了安全起见，我们矿上把雷管、炸药与其他物资分开存放，而且将它们存放在一处远离井口和住宅区的单独库房。库房的四周都有禁烟禁火的警示标志，每天晚上必须有人在库房门口十米外的小砖房里轮班值守。起初，每晚

都是我亲自值班，这对我来说就十分辛苦。我白天要接收、分发物资，晚上又要值班，可以说是24小时连轴转。后来，矿上又安排了一名同事，专门负责晚上值班，这样我才得以合理休息。这种情况大概过了一年多，那位同事因为又被安排了其他工作，库房晚上值班就又成了我一个人的工作。恰好，那时学校刚放暑假，经矿领导同意，我的两个儿子可

1988年，金国忠的长女红霞（右）、次女红艳和"黑豹"在白芨沟矿

以隔三岔五地替换我值夜班，我的工作量才稍稍减少了一些。尽管如此，我还是不放心，时时叮嘱、时时提醒、时时抽查，生怕出问题。好在我的两个儿子那时一个上初二，一个上初三了，都已经懂事。他们值班很认真，也想了一些新办法，效果很好。比如，他们在值班室外已经有一盏白炽灯的基础上，又在库房门口安了一盏白炽灯，每天晚上，远离住宅区的库房四周灯火通明，照得很远，大大提高了看守库房的安全性。为了让我少操点心，他们也是随时巡查、随时报告、不敢偷懒。那时，我家里养了一条名叫"黑豹"的狗，他们还把狗牵到值班室，和他们一起值班。一有个风吹草动，黑豹就"汪汪"地狂叫，满矿区的人都知道库房的值班警戒很严，没人敢随便靠近。这样一来，我原先的担心一下子减了不少。

　　仓库管理无小事。从事仓库保管员的时间越久，我的神经越

高度紧张，不敢有一星半点的疏忽大意。除了每天将雷管、炸药的入库、出库单进行核对外，每隔半个月，我还要对仓库进行一次盘点，随时发现问题，及时进行补救；每隔几个月，我还要与矿上的会计一道对仓库进行盘点，确保账账相符、账物相符。就是在这么严格细致的管理下，有一件事还是惊出了我一身冷汗。

在我从事仓库保管三年后，矿上的会计要调离矿山，矿领导安排我和会计两人共同进行仓库物资盘点，以便做好手续交接。在盘点时，竟然发现仓库的实物和出库单对不上。有一批雷管、炸药未显示有过出库的情况，但实物却不见了。这可不是闹着玩的，因为按照规定，如果真的有这种情况，那我不仅要承担所缺物品的赔偿，还可能因为所缺的是爆炸物品，要承担一定的法律责任。出现这种情况，我始料未及。我赶紧让会计好好查查台账，看会不会是没有及时登记出货造成的。按照规定，会计和出纳应该由两个人分别担任，便于互相监督。可是，我们煤矿为了节省开支，矿上的出纳和会计由一人担任，对外说的理由是找不到合适的人。所以，本应由我和会计、出纳3个人一起对账，就变成了只有我和会计两个人对账。我们把会计的账本从头至尾翻了个遍，都没有找到那批雷管、炸药出库的记录。为了防止我们两个人的疏漏，我还请了另外一位同事帮着翻查，结果还是没有，这下我真有点紧张了。矿领导让我好好想想，是不是因工作疏忽让领货人多领了货物，还是有其他什么缘故。对此，我多少有点不服气。我每天兢兢业业、谨小慎微，库房哪怕是出一颗螺丝钉都要登记得清清楚楚，怎么会把那么重要的雷管、炸药发错、遗漏？"怎么可能？肯定是会计搞错了。"我心有不甘，毕竟我自己家里也保存着一整套仓库入货发货单据，这是我有自信和底气的主要原因。于是，我把家里的两大箱子单据翻了出来，按照时间一笔一笔、一项一项地核对。在与会计账本记录的同一个时间段，我很快就找到了那批雷管、炸药的出货单。上面的发货日期、发货数量写得清清楚楚，发货人、领货人的签字也明明白白的。很显然，不是我把货发错了，而是会计没有及时记账，造成了账物不符。

虽然虚惊一场，但我还是十分严肃、毫不客气地把会计说了一顿。事后，矿上的同事都说："幸亏有那两箱子单据，否则老金满身是嘴都说不清了。"我说："千年的文字会说话。我是不识字，可总有识字的人。有了这些票据，我就不怕说不清了。"

那件事之后，我就更加小心谨慎，有关仓库的一些票证全部悉心保管。家里人也知道这两箱子单据的重要性，未经我同意从不动那两只箱子。那两箱子单据始终就放在家里的床下。1997年，我们离开矿山搬家到大武口，这两箱子票据随迁新居。直到2004年我退休，才把这两箱子单据销毁。

家庭副业

　　家里人口多、经济条件差，生活的压力时刻存在。想方设法、千方百计地改善家里的经济状况，是我这个做丈夫、当父亲的肩上的责任，更是我每日每夜、时时刻刻要考虑的家庭头等大事。

　　在简泉农场时，我经常利用业余时间跑到农场排水沟里去捉鱼，捉来的小鱼留给家人改善伙食，大鱼则骑车捎到石炭井或大武口的市场上去卖。在平罗机砖厂时，夏天我们一家人一起去简泉农场九队拾麦穗，铲苦苦菜；秋天一起到家门前的明水湖去捞鱼、晒鱼干；还推着小胶车到十多里外的平罗糖厂拉糖萝卜渣，回来喂鸡喂鸭。二进矿山后，我和夫人利用业余时间带着孩子们到山洪沟里去捡煤，收集路边拉煤车辆颠落的散煤，等积攒够一车后再卖掉。1983年秋后，我还从山下买了十几麻袋黄豆，想试着利用业余时间磨豆腐。没承想随后我意外受伤，为了给我治疗，我和夫人只好把那十几麻袋黄豆卖掉。豆腐虽然没有磨成，但也算是我和夫人在想方设法增加家庭收入方面的一次大胆尝试吧。所有这些，都被我们全家戏称为"家庭副业"。君子爱财，取之有道。我们利用工作之余、不占公家便宜，靠自己的双手，把家庭副业搞得热火朝天、有声有色。我们就像蚂蚁搬家一样，一点一点，一天一天，一月一月，一年一年，通过发展各种家庭副业，广开生财之道。加上我们开源节流，从牙缝里抠，在吃穿上省，日积月累，积少成多，总算保证了全家人的吃穿用度和家庭开支。如果不是我意外受伤，家

1996年夏，莫秀英（中）与子女、长孙在石嘴山市大武口区青山公园

里或许还能存一点钱，以备不时之需。

1985年我受伤后，虽然矿上安排了我一个灭火的工作，但考虑到工作强度，每月只发给我基本工资，全家人的生活还是受到很大影响。看到家里有很多事项需要开支，几个孩子还在上学，我心急如焚，加之伤口愈合不太好，每遇变天就隐隐作痛，我心情愈加烦躁。怎么办？总不能坐以待毙、坐吃山空呀！人们常说，天无绝人之路。考虑到我自己的身体状况，经过与夫人商量，我们做出了一个重要决定——养猪。

之所以决定养猪，是因为有几个有利因素。一是白芨沟矿地处贺兰山深处，"米袋子""菜篮子"的供应几乎全要靠从山下外运，像猪肉这样的生活食品根本不愁销路；二是我家附近包括我们简泉

煤矿在内的煤矿以及各承包煤井，都设有矿工食堂，每天都有几百号矿工要吃饭，食堂所剩余的泔水等厨余物无法处理，只能白白倒掉，十分可惜。如果用这些泔水等厨余物来喂猪，那是再好不过了，至少可以节省不少饲料钱；三是我们居住的地方开阔，随便就能搭建个猪圈，也不用担心污染环境影响邻居生活；四是我的工作时间相对灵活，完全有条件做成这件事。

说干就干。我和夫人委托经常上山拉煤且关系较好的司机，在山下平罗县或惠农县（今惠农区）的集贸市场上帮我们买上所需要的猪仔，带到矿上来。在我家五十米开外的地方用石头垒了一个猪圈，开始了我们的养猪家庭副业。

我至今还记得，我家养的第一头猪仔是黑色的。由于是第一头猪仔，全家人都很关注，也很上心，每天把它喂得饱饱的，还要拿刷子给它清理毛皮，猪圈也打扫得很干净。小猪每天肚子吃得滚圆，毛色光滑，备受宠爱，长得也很快。孩子们放学回来后，总要把小猪从猪圈里赶出来，让它趴在我家门前的空地上，逗它玩。那头猪很温顺，也很听话，被孩子们训练得快赶上马戏团演出用的小猪仔了。孩子们让它趴下，它就趴下；让它起来，它就起来；让它哼哼，它竟然真哼哼几声。我们都感到很神奇："这头猪还通人性呢！"院子里经常是孩子们逗小猪玩耍的欢乐笑声。在我们全家人的悉心照顾下，半年后，这头黑猪就能出栏了。本来我们打算自己请人来屠宰，那样的话，这头猪就会卖上更高的价格。但是由于家人，特别是孩子们对这头猪十分喜爱，可以说处出了感情，不忍心那样去做。于是，我找了一个下家，用磅秤过了一下，就将这头黑猪活着卖给了他。说实话，那头黑猪被拉走后，我们家的人都有点失落，总觉得有点舍不得。

有了养第一头猪的经验后，我们就开始逐渐扩大养猪规模。由只养一头猪仔，变成同时养两头、三头、四头猪仔，猪圈也由原先那个小圈改造成了大圈。张大、张二、韩二和矿上的同事们开玩笑说："老金这是要办养猪场呢。"

养猪的规模扩大了，保证饲料供应的问题就显得很紧迫了。除了我和夫人从山下买来的糠皮、麸子外，从周边各个矿工食堂担来的泔水等厨余物自然也就成了喂猪的主要饲料来源。由于我干不了重体力活，夫人还要上班，下班后要给孩子做饭，担泔水这样的粗活又不能让女孩子去干，这样一来，可就辛苦了我的两个儿子。于是，每天放学一进家门，我的大儿子和小儿子两个人的第一件事就是放下书包，拿起挑棍，一前一后，担着空桶，去附近的食堂担泔水。为了不跑空趟，他们总是一家一家地跑，去这个食堂收集一点，再到下一个食堂收集一点，直到把担去的空桶盛满为止。几个食堂相距比较远，有一个还要翻越一座大山才能到。孩子们去了这家，又去那家，有时放在矿工食堂门口泔水桶里的泔水被别人担走，他们只能白跑一趟。特别是到大山后面的那个食堂，他们要沿着崎岖不平的羊肠小道，深一脚浅一脚地上山、下山，泔水晃到身上那是常有的事。有时如果脚下不稳跌上一跤，整桶的泔水就会全部倒出，他们这一趟的辛苦就算彻底白费了。所有这些，我和夫人也很无奈，虽然从不说，但看到眼里，疼在心上。好在，孩子们也从无半点怨言，有时泔水洒到身上了也不说，回到家后只是自己把衣服脱下来洗一洗，第二天还是照样一进家门就放下书包，拿起挑棍，一前一后，担着空桶，去附近的食堂担泔水。

　　我粗略估算了一下，从1985年我受伤到1997年我们搬离矿山，我家总共养了12年猪，养了近30头猪。我们用这近30头猪赚来的钱给我养伤、看病、供4个孩子上学、保证家里的正常开销。每每说起我们所养过的那些黑猪、白猪、花猪，我们一家人心存怀念，也心存感激，我们是靠养猪度过了那样的艰难日子，也正是这一段养猪的经历，让我们全家特别是我的4个孩子更加懂得珍惜来之不易的好生活。

　　那段日子，我们还搞了另外一项家庭副业，对贴补家用很有成效，那就是种菜。

　　当时，煤矿的物质生活并不宽裕，加之每家每户都有三四个孩子，矿上的人们总是绞尽脑汁、想方设法地开辟途径，大搞家庭副业。在离我们煤矿不远的白芨沟煤矿二号桥的居民点，沿山洪沟南侧的空地全被开垦成了菜地，狭长的山洪沟一侧绵延近一里地全是菜地。人们有地就种，见缝插针，甚至将山坡上的石头撬掉后再铺上从山洪沟担来的沙土，围成一小块一小块的菜园子。从此以后，白芨沟菜市场上卖的蔬菜，有很大一部分是矿工和他们的家属顶着烈日、冒着风雨种出来的。

1987年夏，金国忠的子女在自家菜园

　　二号桥的经验就在眼前，他们的做法无疑引起了我们煤矿各家的注意，大家都跃跃欲试。于是，在某个凉爽的午后，先是有一家人在部队前面的山洪沟边的荒滩上开垦菜地，随后就有其他几家人也跟着行动了起来。很快，昔日无人问津、巴掌大的荒滩就被围成了一个个大小不一的菜园子。

我家算是行动得比较早，菜园也建得比较快。毕竟全家6口人齐上阵，人多力量大，加上有部队战士和张大、韩二他们帮忙，大家七手八脚，不到一个下午，就开垦出来了一片近五分地的菜园。为了防止附近农民的牲口进菜地啃食蔬菜，我们还从山上砍了一些带刺的山杏树枝，扎在四周，把菜地围了起来。有了这片菜园，一整个夏天家里就不用再去白芨沟菜市场买菜了。菜地产的茄子、辣椒、西红柿，还有豆角、小白菜、小油菜、土豆、萝卜等，不仅足够自家吃，我们还经常把多余的菜送到部队和张大、韩二的灶上，那种自食其力的快乐让人难忘。

由于矿山气候寒冷，每年菜园真正能产菜的季节也就是6、7、8三个月，等到9月份天气一凉，一下霜，加上"十一"前后的一场雪，就让菜园彻底拉秧停产了。后来，由于浇菜地的水源无法正常保障，便陆陆续续有几家菜园不再种菜，直到最后废弃。我家的菜园也一样，特别从1988年我的大女儿高中毕业到山下大武口去学裁缝、两个儿子分别去银川和石嘴山上中专和技校后，菜园顾不上打理，也就渐渐废弃，我们种菜的家庭副业也就到此结束了。

十年树木

▼

1994年开春，考虑到我的大女儿红霞已经出嫁到惠农，大儿子万江、小儿子三三已毕业，先后分配到大武口工作，小女儿红艳也考学离开了矿山，家里只有我和夫人两个人，全家人便商议准备到大武口买房，一来解决一家人四下分散的问题，二来为我和夫人退休后的落脚点考虑。经过东借西凑，我们终于以3.2万元人民币的价格，在大武口区永康南路买了一套120平方米带院子、建于1990年的二手砖瓦平房。那时的永康南路还是一条煤渣路，坑坑洼洼，垃圾遍地。正是因为这里的环境卫生条件比较差，才使得这套房子的价格比较低，也让我们买卖双方很快达成了这笔房屋买卖交易。不管咋样，能在矿区百里之外的大武口区有了一套属于自己的房子，我们全家还是由衷地感到高兴和幸福。房子买了后，我的两个儿子前后用了几个周末的时间来收拾。他们自买涂料、自备工具，把房子外面的垃圾杂物清理干净，把院子门口的深坑填平，把屋里内墙粉刷了一遍，把破碎的门窗玻璃全部换了新的。一套原本有些破败的砖瓦平房，经过这样一番收拾，倒也显得窗明几净、焕然一新了。

房子收拾好后，我们就商议着尽快搬家。当年6月，我小儿子找他的一位同学帮忙，把我们家从白芨沟搬到了大武口。说是搬家，其实也没有什么可搬的东西。之前，我家里有一件柳木写字台和一件五斗橱柜，那是1971年我和夫人从惠农到简泉农场后，利用业余时间到渠沟边挖的柳树树根，

2022年春，金国忠的次女、孙子、孙女在家中

1976年搬家到白芨沟后，请江苏的木匠打制的。与这两件家具同时打制的还有一件大立柜，柜门上安着一块穿衣镜，这些就算是我家里最值钱的物件了。此后的若干年，我家曾先后数次搬迁，这几件家具虽略显笨重，但始终随着我们搬来搬去，从来不曾丢弃或送人。这次，为了便于搬家、轻装上阵，我提前把写字台和五斗橱柜处理了。前来搬家的汽车上，前半部分车厢装着大立柜和书橱、床架子等小物件，后半部分车厢则装了半车煤炭，大武口的房屋取暖还要靠自己烧煤炉。

家搬到大武口后，我夫人因为身体不好提前病退，便先期离开矿山入住新家。我因为还没有到正式退休的年龄，便独自留在矿山，只是隔三岔五地搭顺风车下山，才能回一次大武口的家。

新家一切安顿好后，我们便着手整治家门口的环境。那时，我们所居住的永康南路片区尚属于城市周边地带，除了那条预留出来的晴天一身土、雨天一身泥的永康南路外，道路两侧并没有什么建

1998年6月，金国忠夫妇在石嘴山市大武口区
永康南路老宅院前

筑，更没有路灯等基础设施，四周就是一片垃圾场。我们仅是将堆在家门前永康路上的垃圾清走，就费了好大的劲。由于周围没有固定的垃圾倾倒点和垃圾池、垃圾箱，家门口路上的垃圾总是前面清、后面倒，头一天清理干净，第二天又倒满了。为此，我的家人没少和周围的邻居争辩理论。好在功夫不负有心人，在我们的苦口婆心、好言相劝、据理力争、严防死守下，我家门前总算没人再来倾倒垃圾了。为了巩固这样一个来之不易的环境卫生成果，我们又从四周的建筑垃圾堆里捡来一些碎砖块，铺在院门前的空地上，周围四邻一看这种情况，就更不好意思往这里倾倒垃圾了，我家院子前的这块碎砖铺出来的空地，也成了四周垃圾场中的一块净地。

每当站在院前的这片空地上，我的家人总是说："要是能栽上两棵树，那有多好呀！一来可以让家门前有点绿色，二来也可以借树划出个边界，以示这里不能再随意倾倒垃圾。"这个想法很快就实现了。第二年春天，小儿子所在的大武口区开展了植树造林活动。劳动结束后，他把植树剩下的两株大拇指粗的树苗扛了回来。全家人一起上阵，很快就在院门前碎砖铺出来的空地南侧左右两边各挖了一个树坑，满怀希望地种下了这两棵小树。这两棵树一棵是刺槐，一棵是臭椿，都是适宜大武口立地条件的树种。自从种下这两棵小树，我的家人就像照顾小孩子一样悉心看护、精心浇灌，我家的门前也有了一片绿色生机。从那年开始，直到2005年我家搬到银川，我们在大武口整整生活了10年，我们精心呵护了这两棵树10年，这两棵树也整整陪伴了我们全家10年。

1995年，我的小女儿红艳从宁夏粮食学校毕业，工作联系到了大武口。那时，我的大孙子绍鹏也刚刚一岁，经常被他爸妈从大武口电厂家属区送到我们位于永康南路的家中，让夫人帮助照看。由于夫人提前病退，矿上只给她发基本生活费，小女儿也正在实习期间并无收入，家里的开销仅靠小儿子每月200多块钱的工资，家里的经济条件仍然困难。为了改变这一窘况，1996年开春，小儿子提议把家里临街的小厨房改造成一个小卖部，一则贴补家用，二则也方便四周邻居和过往路人购买日用品。对这个提议，我并不赞成，主要是考虑到这里地理位置偏僻，并没有多少顾客。但我夫人和几个孩子还是一致赞同，认为此事可行。当时我还在煤矿上班，平时也很少回来，便不再执意阻拦。

事情决定下来后，说干就干。小儿子先是自己量了门窗高度和宽度，到百花市场预订了门窗。门窗做好后，又请了一个泥瓦匠将小厨房临街的一堵墙打通，将门窗安装好，将前墙的门头加高，留出了书写店名的位置。随后，又将门前的碎砖地面重新平整拓展，在与邻居家交界的地方种上了一排蜀葵花，权当一排绿篱。请了一位书法爱好者踩着梯子，在小店门头空白处用魏碑体题写了红色的店名"裕隆商店"。这个店名也是我小儿子起的，他希望我们的生活能够逐渐富裕，小店的生意能够日益兴隆。

　　小商店确实小。不仅面积小，不到10平方米，而且投入也小，初次进货投入不到1000元。考虑四周顾客的情况，主要经营一些大众化的烟酒糖茶、小食品和牙膏、肥皂、毛巾等日用百货。白天主要是靠我夫人一个人打点，小儿子和小女儿利用下班后的时间帮着照看。每到周末，小儿子和小女儿便骑着自行车到百花市场的批发店里去进货，及时补充小商店里的缺货。小商店开张后，正如我所料：生意冷淡，有时一天也没有两个顾客；利润很薄，扣除电费，一个月下来也就赚个四五十块钱。尽管如此，我夫人特别是我小儿子和小女儿仍然在我的一再反对下执意坚持着。

　　为了改变小商店生意冷清的状况，我夫人和小儿子、小女儿提议把院前的空地利用起来，摆张台球案子，既能借此聚聚人气，也可以让路人在这一片树荫下消遣纳凉。这一招果然奏效，当天气渐渐变热后，周围工地上下班后的民工无处可去，便经常聚到这里来打台球，免不了我买一包烟，你买一瓶啤酒，他又买些瓜子、花生米什么的，反倒把小商店的生意带了起来。为了吸引更多的顾客，小儿子他们又利用门前那两棵已经渐高渐壮的树木，在台球案上方架起了一个能随时摘取的活动式尼龙布遮阳棚。这样一来，客人即便中午打台球，也不怕太阳晒了。我夫人又把家里的小饭桌搬了出来，挨着那一排齐人高的蜀葵花摆着，放上几个小木凳，倒几杯凉茶，供到这里来纳凉、看热闹的客人消遣。很快，我家"裕隆商店"门前成了四周邻居、民工、路人休闲娱乐、喝茶聊天的一个地方，经常门庭若市，仲夏到了深夜人才散去。有些顾客竟然慕名而来，说："远远看见这两棵树，就知道这是你家商店了。"

　　看到这种情形，我由刚开始的不支持到后来的默不作声，再到后来的慢慢参与，逐渐感受到我的老脑筋和年轻人脑子灵、思路活之间的差距。用他们的话说：小商店再不行，也能挣出来一家人的柴米油盐钱。事实也是如此，自从小商店开张后，我夫人再也没有为买米买面买油钱不够而发愁过。

大约在门前这两棵树栽下后的第三年的夏初，那棵刺槐竟然开花了。花串不多、也不大，但是走到树下，淡淡的花香仍然会扑鼻而来，引得路过的行人不由自主地驻足观望。以后每到5月，这棵刺槐就会开花，枝头上挂满了一串串的奶白色的槐花。于是，我夫人和孩子们便搬来凳子或借来梯子，一串一串小心翼翼地把槐花摘下来，用清水淘洗一下，再拌点面粉，直接放到蒸笼里去蒸。20分钟后，一盆香喷喷的蒸槐花就摆上了餐桌，成为全家人赞不绝口、津津乐道的美食。

仲夏时节，烈日当空，酷暑难耐。我家门前两棵树下的绿荫在刺眼的阳光下显得格外引人注目。每天中午或傍晚，我的家人会把家里的那张小圆桌搬出来，再搬几把凳子，摆在树荫下，吹着凉风、纳着阴凉、喝着凉茶，消暑度夏。有时还会切上一个西瓜。大家围坐在树荫下，或翻翻书，或聊聊天，或打打纸牌，非常舒适惬意，引得四周的邻居们也来凑

2008年4月，莫秀英和家人在贺兰山下植树

2021年冬，金国忠夫妇与长子万江在石嘴山市大武口区永康南路老宅槐树下

热闹。我们小院前常常人员不断、笑声不断，给炎热的夏天增添了一抹亮色和欢乐。

我的几个孙子、孙女出生后，经常让他们的爸爸妈妈送到我和夫人处。家人们会经常把孩子抱出家门，坐在树下，教他们牙牙学语。待孩子们稍大些后，他们经常在这两棵树下玩耍，有时还要试着爬树或骑在大人的肩膀上伸手去摘树叶玩。更令人难忘的是他们端着小碗在槐树下吃香喷喷的蒸槐花时的可爱模样。可以说，这两棵树也见证了我的孙子、孙女们的茁壮成长，留下了他们儿时无忧无虑的快乐记忆。

每当我们一家人坐在门前这两棵树下乘凉时，大家都常常大发感慨：这两棵树日益长高长大，越来越茂盛，如同我们全家一样，人丁兴旺、枝繁叶茂，更如同我们的生活一样，一天一天地变化着，越来越好。我们全家人对这两棵树的感情不言而喻，大家像看护自家的孩子一样看护着这两棵树。我们也发自内心地感谢这两棵树，是它们让色彩单调的永康南路多了一抹绿色，是它们让四周无处可去的人们有了一个可以歇脚喝茶聊天的地方，是它们让我家的小商店门口有了更多的人气，生意日渐红火，更是它们让从矿山搬迁到大武口的我们一家人对这个城市有了更多的亲近和依恋。2005年我们全家离开大武口后，仍然牵挂着老宅门前的这两棵树。每次回到大武口，我们都要专程去看看这两棵树，一如去看望久别的家人。

更值得一提的是，以这两棵树为开端，我和家人也参与了大武口森林公园的建设，为"煤城"石嘴山的绿化做出了自己的一点贡献。

1997年，我家搬到大武口的第3年。考虑到我的年龄已经偏大，加之简泉煤矿的生产经营机制也有了很大的调整，简泉农场同意我提前退休。这样，我们一家人总算在大武口又团聚了。那时，我虽然退休了，但是身体状况还很好，忙忙碌碌了一辈子，一下子清闲了下来，我还很不适应，总想再找点事情做。恰好当时石嘴山市大武口区西山粮库和武当庙之间的戈壁沙地上，正在建设森林公园，需要招聘一些园林绿化临时工，负责森林公园新栽树木的浇水、管护等工作。我第一时间报名应聘，被森林公园管理所聘用。

从那以后，每天我就到森林公园上班，开始了我退休后新的工作。由于我家所在的永康南路处在大武口的东南角，而森林公园则处在大武口的西北角贺兰山下，每天我要走很远的路程才能从家到工作的地方。为了确保按时按点上班，我每天起早贪黑骑着自行车往返于家和森林公园之间，早出晚归，风雨无阻，一干就是3年。

到了森林公园工作地点后，我的任务就是与其他工人一道，挖树坑、换土、施肥、栽树、浇水、管护。我们每天用铁锹在满是石头的戈壁沙地挖树坑，一个壮劳力一天只能挖一个树坑。然后把树苗肩挑背扛、连拖带拽地运到挖好的树坑中，填土、提树、踩踏。

再引水渠、拦水坝、修补树池，拉水管、穿树林，给每一排、每一棵树浇水，拉羊粪、肥料，给每一个树坑上肥。虽然每天都是简单的重复劳动，但全是体力活，况且树木之间的戈壁沙地坑洼不平，树枝相互交叉，每挖一个树坑、每挑一道水沟、每浇一棵树，都要付出艰辛的劳动。我和其他工人每天风吹日晒，十分辛苦，但我累并快乐着。

森林公园是石嘴山人战天斗地、从无到有的杰作。原本是人迹罕至、一片荒凉的戈壁沙地，在不到两年的时间里就变成了一片绿洲，这不能不说是个奇迹。每当看到森林公园里当年自己亲手栽植、亲自呵护的小树已经成片成林，看到成群结队的人们快乐悠闲地在森林中漫步、观景、休闲、娱乐，我就感到特别骄傲和自豪。因为，这一片森林里有我的汗水和付出，也有我的一份功劳。

2002年10月，莫秀英与大儿媳、次女
在石嘴山市大武口区森林公园

2008年4月，金国忠和家人
在贺兰山下植树

2005年，孩子们都早已成家立业，各奔前程。我和夫人再次举家从大武口搬迁到了银川市金凤区。首府城市的繁华丝毫没有抹去我们对大武口老宅门前那两棵树的牵挂，也丝毫没有抹去我们对大武口森林公园的牵挂。人们常说：前人栽树，后人乘凉。十年树木，百年树人。绿化祖国是一件功在当代、利在千秋的义举、善举。自己的辛勤付出能为国家、为社会创造价值，为他人带来欢乐和幸福，我们自己同样也感到十分幸福。闲坐静思时，我时常会想起大武口老宅门前那两棵树，想起大武口森林公园那一大片绿色。因为，那里不仅有我们对绿水青山的向往，更有我们一家人奋斗的印记和难忘的记忆。

家有贤妻

老话说得好：妻贤夫祸少，子孝父心宽。更为重要的是：家和万事兴。我从大字不识几个的农民成为一名工人，从农村走进了城市，从山沟沟搬到了省城，从家徒四壁到现在条件明显改善，都离不开我夫人这个贤内助的支持和料理。在一个家庭里，母亲、妻子是十分重要的。从某种程度上讲，有什么样的母亲、妻子，就有什么样的家风，一个家庭就会呈现什么样的气象。这一点太重要了。

我的夫人莫秀英和我是同乡。她的祖上是陕西米脂人，与我的祖上一样，在清朝雍正年间，随着朝廷"招民垦田"和几次大规模的移民来到了宁

2003年10月，金国忠和夫人莫秀英
在石嘴山市大武口区

夏，并在宁北外西河堡燕子墩扎下根来。

我夫人她们家也是一个大家族。我夫人的父亲，也就是我的外父，名叫莫如亮，生于1916年，共有兄弟姊妹8个，其中6男2女，他排行老五，后面还有一个弟弟和妹妹。我外父是个识文断字、精明能干的人，他经常到乌海和河东鄂尔多斯市一带收购牛羊毛皮，再骑着自行车到周围各个集市上去卖。在他的用心经营

青年时期的莫秀英

下，我夫人她们家的生活条件明显要好于乡邻四舍。我外父是个知书达理的人，所以他十分重视对子女的教育。乡邻四舍其他人家的孩子大多都没读过几天书，可我外父却想尽一切办法让自己的孩子包括女孩子去读书。对这一点，我还是很佩服我外父的远见的。由于长年在外奔波，我外父终因积劳成疾，患肺病不治，于1975年5月21日（农历乙卯年四月十一日）去世，享年59岁。我夫人的母亲，也就是我的外母，名叫陈学芝，生于1923年，是个性格刚强、很爱干净、心直口快、做事利索的人。我外母是家里的独生女，从小到大父母娇惯，也没干过什么农活，但勤俭持家却是一把好手。我外父去世时，她刚52岁，家里还有我妻子几个弟弟、妹妹尚未成家或成人，她咬紧牙关，一个人含辛茹苦地把他们拉扯长大，供他们上学，其中几人还考取了师范学校，实属不易，令人敬佩。1985年1月我在煤矿受伤住院期间，家里无人照顾，我外母得知这一消息后，毫不犹豫地从惠农老家搭煤车，颠簸百十里的山路来到白芨沟我的家中帮我照顾家，那种情景让我和夫人及孩子们永生难忘。1995年2

月22日（农历乙亥年正月廿三日），我外母于家中无疾而终，享年72岁。正是受了家庭环境的影响和父母的教育，我夫人她们姐弟几个大多读过书、上过学，特别是她的一个妹妹和一个弟弟还考上了石嘴山黄楼师范，成了人民教师。

1994年6月，莫秀英和次子在白芨沟矿

我夫人比我小4岁，1948年12月在老家惠农燕子墩出生。她们兄弟姊妹一共7个，前面5个都是女孩，后面两个男孩，她排行老二。我夫人一辈子要强，凡事不愿落在别人后面。她经常教育孩子们要好学上进，不要好吃懒做，要做一个对国家对社会有用的人。这一点对我的触动、对孩子们的影响都比较大。她心直口快，没有城府，有什么想法就直接说出来了，心里有什么不痛快脸上就带出来了，从不藏着掖着。正因如此，与她接触的人都说她爽快、好打交道，同时她也因这样一种性格常被误解，没少吃亏。好在她看得很开，经常对大家说："吃亏是福。"

从小受家庭教育的影响，我夫人在年轻的时候就非常上进，积极要求进步。1964年，我们公社在搞"四清运动"时，她和其他一帮年轻人，跟着工作组中一位叫薛世荣的军队政治教导员每天学习《毛泽东选集》、读报纸、打算盘、到各队去清账目，学了不少东西。薛教导员看到她爱学习、肯钻研，是个好苗子，就有意识地培养锻炼她。那段时间对她的世界观、人生观、价值观的形成影响很大。她时常对我和孩子们说："是薛老师教会我怎样做人，做一个什么样的人，要做一个对人民有用的人。"

那年冬天，薛教导员安排我夫人到石嘴山小东湾党校学习。我外父不让去，说："一个女孩子跑来跑去的，别人笑话。"薛教导员对我外父说："这个孩子很有前途。"在薛教导员的劝说下，我外父才答应让我夫人去。就这样，薛教导员扛着行李，把我夫人送到惠农火车站，让她坐火车到了小东湾党校，并鼓励她要好好学习。

我夫人她们这个学习班只有3名女生，其余全是男生。有一天党校组织演讲，学校让我夫人上台发言。由于当时她的个头很矮，站在讲台前只能露出头，礼堂里的学员们都哈哈大笑起来。可她并不怯场，坚持发完言，赢得了在场师生的热烈掌声。这更加坚定了她努力学习的信心和决心。

从小东湾党校学习回来后，我夫人担任了燕子墩四队的会计。两年后又去学医，当卫生员，到处给农民看病，遇有大的疾病就送到郊区医院去看。一天到晚忙个不停，但她为自己成为一个对社会有用的人，能为大家服务而感到开心。

说实话，那时候，我夫人在我们公社还是小有名气的。我当时已经是燕子墩大队副大队长兼民兵营长了，当时我就感觉到，她是一个不简单的人。

我和夫人两个人的结合，完全是父母之命、媒妁之言，之前没有一点儿感情基础。我们的感情是几十年在一个锅里搅勺子、风风雨雨、相互扶携中逐步建立并不断加深的。我夫人是个有文化的人，以她的眼光来看我，我就是一个大字不识几个的大老粗和九牛

2019年春节，莫秀英在70岁生日家宴上

拉不回来的"犟板筋"。这一点我也承认，毕竟我没上过学。加之，我们金家的人确实有股子犟劲，认准的事谁也劝不住，就为这个，也确实吃了不少亏。尽管在年轻时，因为年轻气盛、缺乏耐心，为了家庭的一些琐事闹过矛盾，可是哪有勺子不碰锅沿的事？但说心里话，我还是非常感谢我的夫人。可以说，没有她就没有这个家，没有她也就没有我们家的现在。

我夫人刚嫁到我们家的时候，我们和父母及几个兄弟一起过。那时我二弟也才16岁，三弟、四弟都还小，五弟、六弟更是刚学会走路，几个兄弟穿得破破烂烂，家里的经济条件简直就是麻绳提豆腐——不能提了。可我夫人自打进了这个家门，就没有嫌弃过这个家，用自己的实际行动挑起了肩上的责任。我们双方老人每年的冬衣都是她亲手缝制的，我五弟、六弟的吃穿用度也都是她亲自操持的。

我的几个弟弟对他们的大嫂一直都很尊敬，直到现在，只要大嫂发话了，他们都言听计从，从不违逆。古人说"长兄为父、长嫂为母"，从我夫人的身上就可以看出这一点。

自我们结婚以来，家里的一切用度，大小支出，都是我夫人一手操持、精打细算。对于4个孩子的成长，夫人更是付出了比我要多得多的心血和精力。别人经常说，我夫人能嫁给我，是我的福气。年轻的时候，我对此还不以为然，但随着年龄的增长，我越来越深刻体会到这一点。我真正体会到了什么是夫唱妇随，什么是妻贤夫祸少，什么是家和万事兴。可以说，我夫人就是我们家的福星。有她在，家里一切安排得妥妥当当，我就能把更多的心思和精力用在事业上了。

　　尽管受家庭条件和孩子多的拖累，夫人年轻时的梦想大多并没有实现，但她好学上进、积极要求进步的精神从未因此而消失。我们结婚时亲戚朋友送的《毛泽东选集》1～4卷，她经常学习翻看，这么多年已经被她翻烂了。年轻的时候，她曾数次要求加入中国共产党，皆因各种原因未能如愿。但她对党的感情始终没变，加入党组织是她坚定不移的信念。在2019年春节家人给她过七十大寿时，她当着全家老小和众亲戚60多口人的面，在她的《七十感怀》中道出了她的心声："要听党的话。我们是靠共产党的领导才过上了今天的好日子。我虽然还没有入党，但我一直听党的话、跟党走。我们要念党情、感党恩，积极响应党的号召，做好我们应该做的事情。只有这样，我们家庭的每个人才会有更好的前程。要努力干事业。一个人的能力有大小，但要有为人民服务的精神。有了这种精神，就是一个好同志。我当过乡村卫生员，下过煤井，跑过煤炭销售。不论在什么岗位，我都努力工作，为的就是让家里的生活条件能好一些，让自己活出个样子，实现人生的价值。"

　　我夫人的《七十感怀》令所有在场的人感动、感慨、敬佩、惊叹。然而更让人感动、感慨、敬佩、惊叹的是，她的七十大寿刚过不久，腰椎间盘手术的伤口还没有痊愈，就迫不及待地向社区党组织递

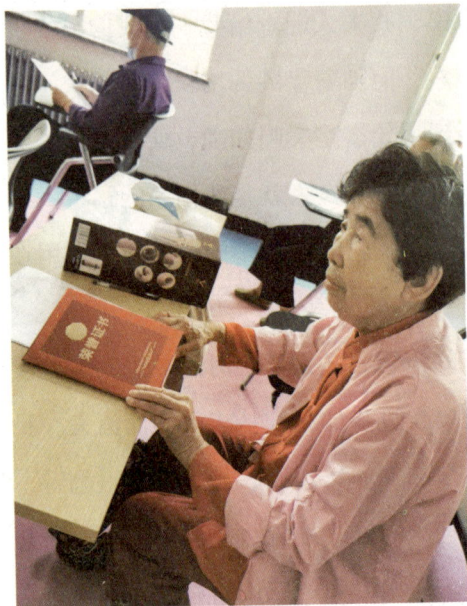

2021年7月，莫秀英参加所在社区党支部活动

交了入党申请书，再次向党组织表达了"加入中国共产党，永远接受党的教育，听党的话、跟党走"的坚定信念。

我夫人的举动，引起了党组织的高度重视。金凤区黄河东路街道办事处新苑社区党支部专门派人来我家中了解情况。我夫人向党组织谈了自己的想法和认识，让我这个当时有着55年党龄的老党员和社区党支部派来的2位同志也钦佩不已。她说："一个人最大的进步，是政治的进步。这么多年的入党愿望坚决要实现，退休后一定要为党和人民做点什么。我退休不退志，发挥余热，我要永远追随共产党！"

新苑社区党支部以"71岁老人入党梦"为题，把我夫人积极要求入党的事迹编辑成图文并茂的新闻，在互联网上发布传播，引发网友的热议。

2020年初春，新型冠状病毒肺炎疫情发生，全国人民在党中央的坚强领导下，打响了一场疫情防控的人民战争。那段时间，为了阻断疫情传播，我和夫人及家人都积极响应党和国家的号召，自觉待在家里，坚决不出门，以自己的实际行动支持国家的抗疫斗争。我夫人每天密切关注着新闻，关注着疫情的走势，关注着党中央的号令。在疫情刚开始阶段，医用防护口罩比较紧缺，她义无反顾地把家里平日积攒的口罩送给了社区工作者。当党组织号召广大共产党员捐款时，她又第一时间亲自到社区党支部捐款500元钱。她对女儿、儿子们说："我年龄大了，不能像那些社区工作者一样在一线为抗疫斗争做贡献，我拿出500元退休金捐给社区党支部，只是一点微不足道的心意，就是要表明我永远听党话、跟党走的信心和决心。"疫情形势好转后，她坚持在小区出入口义务站岗值班，每天为进入小区的群众测量体温、询问来人行程，一站就是两个多月。2021年6月，她被黄河东路街道新苑社区委员会评为优秀志愿者。

2020年10月，经过党组织的严格考验和审核，我夫人终于如愿以偿地加入了中国共产党，这是她本人的荣耀，更是我们全家的荣

2021年6月，莫秀英（右二）被所在的银川市金凤区黄河东路街道新苑社区评为
优秀志愿者

2006年春节，莫秀英给大女婿发压岁钱

耀。子女和孙辈们夸她是"巾帼暮年，壮心不已；老骥伏枥，志在千里""给全家人特别是年轻人做出了榜样、树立了标杆"。

或许是从小受家庭教育影响，我夫人给家里的孩子立了很多"规矩"。比如，见了长者要主动问好，出门在外要报平安，一家人吃饭时要一起动筷子，用过的东西要放回原处，逢年过节必须回家，等等。特别是过春节，她尤为重视。扫尘、贴春联、放鞭炮、祭祖、吃团圆饭、发压岁钱、说吉祥话，等等，一个环节都不能少，全家一个人都不能缺。时至今日，每年除夕，我和夫人给子女发压岁钱，子女给我们敬压岁钱仍是过年必不可少的项目。近几年，因为防治空气污染禁放鞭炮，我夫人虽然有些遗憾，但坚决服从遵守。她说，鞭炮虽然不能放了，但年味不能缺，"规矩"不能破，一家人的团聚不能少，亲情不能淡。

夫人和我经常教育子女，要传承好家风，做到长幼有序，孝老爱亲。要立大志，勤学习，做好人。要珍惜光阴，"一寸光阴一寸金，寸金难买寸光阴"。要刻苦学习，努力读书，做一个对国家对社会有用的人。当干部，就要做党和人民的勤务员，为国家努力工作；当工人，就要安心本职，干一行钻一行；当学生，就要珍惜光阴，刻苦读书；当普通公民，就要遵纪守法，靠自己的双手勤劳养家。

我夫人打得一手好算盘。这项她年轻时学到的技能一直没有丢掉。家里的、单位的大小支出，都在她"噼噼啪啪"的打算盘声中，算得一清二楚，分毫不差。这把四角包着铜皮的黑木算盘已经成了我们家里的"传家宝"，我们要用它来教育子女和后辈人，始终牢记"精打细算过日子，铺张浪费要不得"的家训。

兄弟姊妹

　　我父母共生了7个子女，6男1女。在我和我二弟中间，还曾生过一个女孩子，只可惜生下来不久就夭折了。这样就剩下我们兄弟6个。

　　我二弟国林，小名还贵，生于1949年11月20日（农历己丑年十月初一日）。在我的童年时期，我和二弟在一起的时间最长，记忆也最真切。那时我父亲长年不在家，母亲一人独撑门户，艰难度日。我和二弟每天就紧跟在母亲的身后，帮她干一些拔草、喂鸡等的零星营生。二弟是个很有家庭责任感的人，很小的时候就很懂事，体谅父母的艰辛不易，尽可能分担家庭的重担。我因为家庭经济条件差没有上成学而遗憾，所以我很希望他好好上学，能够出人头地。但是当他看到父母负担重、家里经济条件差、缺少劳动力的情况后，在初中毕业后还是主动放弃了上高中，毅然回家务农了。我们兄弟二人从小看着父母艰辛劳作，在想方设法改变家庭困难状况方面都是竭尽全力、不遗余力。他和我一样，在条件允许时，总是想方设法拉扯帮助下面的几个兄弟。1968年，我二弟到石炭井矿务局乌兰矿当了一名工人。1972年1月，他与我二弟媳在阿拉善呼鲁斯太宗别立成了家。后来，在他的多方努力下，把四弟国贵也带到矿上，成了一名工人。二弟人

2018年，金国林（后排左二）夫妇和次子东成一家

很聪明，对看准的事情总是能够大胆去做。为了改善家里的经济条件，他还敢冒风险承包煤矿。1984年到1989年在阿拉善呼鲁斯太宗别立时，他曾承包了一座小煤窑，还把六弟陆明拉过去帮他操心。虽然那次承包是小打小闹，但正是有了他的拉扯帮助，六弟在煤窑干了几年，才有了回老家盖砖房娶媳妇的钱。1989年，二弟的工作调到了位于石炭井沟口的农业指挥部粮站，且已经有了搬家的打算。他很有经济头脑，在别人都不看好大武口的房价时，他果断地在当时基础设施条件还比较差的大武口区鸣沙路一带，买了一套带院子的砖瓦房。1991年，他的家也从乌兰矿搬到了大武口。后来大武口的发展证明他是有远见的，他买的那套房子很快便升值，而且在拆迁时，他靠这一套房子换了两套面积较大的拆迁安置房。1995年，二弟又在石炭井大磴沟承包煤矿，由于缺乏操心之人，经营不善，煤矿发生大面积塌方，虽然没有造成人员伤亡，但赔得一塌糊涂，连家里的东风拖挂汽车都被迫卖掉用于顶账。尽管如此，我还是很佩服二弟的胆识和魄力，在这方面我不如他。1998年二弟退休。2000

年以后，他和二弟媳先后到陕西汉中，帮助两个儿子照顾生意、照看他们的孩子，前后生活了十年多。2020年7月，他和弟媳卖掉了位于大武口的老房子，在银川买了一套房子，后来也搬到银川生活。我二弟很爱学习，他身体一直比较虚弱，于是自学了中医，除了自己养生保健外，还经常给左邻右舍把脉问诊，在当地颇受欢迎，小有名气。我二弟媳妇王菊英，生于1950年1月3日（农历己丑年十一月十五日），出生于内蒙古阿拉善呼鲁斯太宗别立。她的祖上是平罗渠口人，在她爷爷那一辈搬到了宗别立。我二弟和弟媳生有1女2男，长女艳梅，长子万恒、又名东恒，次子万诚，又名东成。

　　我三弟国仁，小名存贵，生于1955年5月8日（农历乙未年润三月十七日），在老家燕子墩出生。三弟人也比较聪明，原本我们弟兄中，他是最有希望把书读出来的，可惜在他上初中的时候，我和二弟先后离开老家，家里的担子自然也就压在了他的身上。于是他在初中毕业后，也就不再念书了。1974年12月，三弟在老家参军入伍，服役的部队在陕西三原。在他当兵期间，我已经是4个孩子的父亲了，加上相隔遥远，鞭长莫及，我对他的事情有心无力，过问得也并不是很多。可毕竟是一奶同胞的兄弟，在他当了3年兵即将复员时，我尽自己所能，四处求人，

1987年，金国仁夫妇和两个儿子

帮他联系单位，也算是尽到我这个当大哥的责任。1977年12月，三弟从陕西三原部队复员到石嘴山电厂工作，成了我们兄弟6人中工作单位最好、工资条件最高的。三弟也算是苦日子里过来的人，他挣的工资除了正常花销和交给我父母一部分外，其余的全都存了起来，为自己成家立业做准备。1983年1月，三弟与三弟媳宋秀珍结婚，婚礼是在老家燕子墩我父母住处办的，他们自己的家安在了石嘴山电厂。我三弟是个很本分、能精打细算、很会过日子的人。他成家之后，为改善家里的经济状况，利用工作之余，在电厂的后山坡上搭起了羊圈，搞起了养殖，而且一养就是近20年，不惜吃苦受累，甚至遭人白眼。2010年，我三弟从工作岗位上退休后，对我们家族的事务很上心。每逢家族中有侄子侄女结婚、孩子过满月或考上大学宴客，他都必去捧场祝贺。每年清明祭祖，他都是早早就赶到，干这干那，心甘情愿。2019年清明祭祖，我们全体家族成员在位于惠农区贺兰山小黑沟处的祖茔四周，植了12棵树。为防止偷牧的羊群啃食树木，他独自一人从山下拉了些枯树枝，用了两天时间给那些树一棵一棵地围了个栅栏，让费心费力栽植的那12棵树木能够茁壮成长。三弟媳宋秀珍，是惠农西永固人，1954年9月23日（农历甲午年八月廿七日）出生。她是经人介绍与三弟认识并成家的。三弟和三弟媳生有两个儿子：长子万辉，次子万涛。

我四弟国贵，小名存粮，1957年1月30日（农历丙申年腊月三十日）生于老家惠农燕子墩。我四弟和我一样，是个大老粗，没有上过学，为人憨厚老实。他从小就爱养鸽子，起先是为了食用，后来发展成养信鸽，有时还参加区内区外的信鸽比赛，这个爱好保持多年，直到退休他依然乐此不疲。1979年春，四弟自惠农燕子墩应聘

2021年，金国贵夫妇和子女的全家福

到石炭井矿务局乌兰矿，先是在乌兰矿农场工作，在那里他与我四弟媳认识。1980年12月，由乌兰矿农场调到矿山工作，定岗在掘进队，从事井下煤炭开采工作，而且一干就是20多年。2005年，他的岗位又由掘进队调整到了瓦斯抽检队，一直到2007年退休。四弟是1982年1月13日（农历腊月十九日）在石炭井矿务局乌兰矿成的家，并在乌兰矿安家落户。四弟媳岳华，是贺兰县四十里店乡人，1959年4月16日（农历己亥年三月初九日）出生，高中毕业后到乌兰矿农场工作。四弟媳待人热诚，干事麻利，加上有文化，脑子也灵活，很有经商头脑。她与我四弟成家后，家里的主要经济来源靠四弟一个人的工资收入，日子过得也是紧巴巴的。20世纪90年代后，四弟媳积极投身社会主义市场经济大潮，下广州、去兰州、上西安，先后从事过水果、服装、百货、粮油经营等小本生意，起早贪黑，走南闯北，靠着自己的辛苦付出维持着一家人的生计，还用多年的辛苦积蓄在贺兰县买了一套房子，并在2005年时，把家从乌兰矿搬到了贺兰县。我四弟和四弟媳生有一双儿女：儿子万平，又名波，女儿金晶。

我五弟国民，小名五虎子，1962年6月1日（农历壬寅年四月廿九日）生于老家燕子墩。我五弟初中毕业后就回乡务农，一直在田地里劳动，没有离开过农村。1986年11月，五弟与五弟媳在老家燕子墩成家。五弟媳刘惠霞，1963年12月28日（农历癸卯年十一月十三日）生于平罗黄渠桥。她

2015年，金国民夫妇在郊游

是我夫人五妹妹的亲小姑子，她和五弟的这桩婚事还是我外母亲自做的媒。五弟虽然是一个地道的农民，日子也过得平平常常，但是他对家庭的责任心还是很强的。在他两个孩子上学时，家里条件还比较困难，他想方设法挣钱养家供孩子上学，孩子的学业从未受到耽误。当时两个孩子在惠农县城住校，每周五下午才能回家。我五弟就自己骑着摩托车来回接送，风雨无阻。他和五弟媳省吃俭用，在2008年把我父母1982年盖的土坯房推倒，重新盖了砖房。这期间，五弟媳查出了心脏病，时常住院看病，地里的农活、家里的大

小事情都只能靠五弟一个人撑着。2012年秋天，五弟媳半夜突然发病，医院诊断为脑干部位脑梗，还下了病危通知书。即便如此，五弟还是一个人担着这份重任，医院、家里两头跑，从未丧失过对生活和未来的信心。这几年，随着孩子先后工作、成家，他和五弟媳的日子逐渐好了起来，一家人对未来充满了信心。五弟和五弟媳有一双儿女，女儿金阳，儿子万超。

　　我六弟国玉，小名陆明，他是1965年9月3日（农历乙巳年八月初八日）在老家燕子墩出生的。他虽是家里的老小，却并没有享受到多少父母和兄长们的疼爱。在我和夫人刚成家时，他才不到两岁。我夫人作为长嫂，帮着我母亲一起给家里这些小弟兄们缝缝补补，那时，他和老四、老五还能享受到除母爱之外的大嫂的关心。后来，我和二弟、三弟、四弟先后离开老家，家里兄弟6个就剩了五弟和他。六弟年龄虽然最小，但很有

2019年，金国玉夫妇和次女在家中

骨气，也很懂事。在他初中毕业之后，就放弃了学业，开始回家务农挣工分养家。1984年我母亲患病去世后，他不等不靠，曾随着我和二弟先后在白芨沟、乌兰矿、阿拉善呼鲁斯太、宗别立、大磴沟等地打零工挣钱达十年之久，吃了不少苦。他很会过日子，单身时就知道省吃俭用，用打工挣来的钱在1982年我父母当年盖的那几间土坯房南边盖起了几间砖瓦房。1993年2月26日他与六弟媳成家后，

更是甩开膀子、想方设法挣钱养家。他常年在外，见过世面，脑子也活，很能倒腾。他紧盯国家惠农政策和市场需求，办起了家庭农场，买了中型农业机械，承包流转了上百亩土地种玉米、小麦。同时，还搞家庭养殖，养牛养羊的规模不断扩大，家里的日子越过越红火。六弟媳丁凤霞，是老家附近的人，于1968年4月4日（农历戊申三月初七日）出生于西永固。她高中毕业，是共产党员，热心于村里的工作，也是个勤俭持家的好手。六弟和六弟媳生有两个女儿：长女金叶，次女金萌。

人生信条

我的人生信条就三句话：说老实话，办老实事，做老实人。这是我一生信奉的做人、做事准则，也可以算是我几十年风风雨雨人生经验的总结。

信条一：说老实话。有一说一，有二说二，不夸大，不缩小，不吹牛，实事求是；不说不符合实际的大话、假话，更不说虚话、套话、奉迎的话。对上不阿谀奉承，对下不口大气粗。说假话不能当饭吃，说老实话却有饭吃。假的真不了，真的假不了。总有一天，大话、假话、虚话、套话会露出马脚、现出原形。当年，我刚到简泉农场搞农业生产时实行定额管理。农场给我们农业排定的任务是年产160吨粮食。经过努力，到秋天收获时，我们农业排的粮食打了300吨，将近翻了一番。有人就提醒我："你刚来，悠着点，适当把产量压一压，别逞英雄，今年产量这么高，以后咋办呢！"我说："是多少就多少，这个没什么可隐瞒的。遇上天灾不顺，产量减了就减了，这很正常。哪能老是往上长，不往下降呢？"后来，还真有一年水稻灌浆赶上了连阴雨，产量就下来了。有人又劝我产量报高一点。我没有这么做，还是实事求是地报了产量。我想：民以食为天。粮食可要实打实，产量是多少就是多少，要说老实话，不能自己哄自己，我不干那种糊弄人的坏良心的事。

信条二：办老实事。首先要办实事，不玩虚套。特别是处在领导岗位上的人，要用手中的职权多为民办事，想方设法为

2008年5月，金国忠夫妇在延安清凉山

群众办实事、做好事、解难事。1976年，我刚到简泉农场红湾煤矿当矿长，办的头一件事就是组织人员加班加点地给职工建设住房，以解决他们的后顾之忧，让身处矿山深处的煤矿职工能够安居乐业。1978年，我到机砖厂任厂长后，又是首先建设家属住房，让大家能够扎根荒草滩、安心工作。其次要做正确的事。做任何事情，都要心里有数。有多大的能耐就做多大的事，不要硬撑。还要做到心口一致，表里如一，不能当面一套、背后一套，更不能阳奉阴违、当"两面派"。1981年，在推进干部队伍革命化、年轻化、知识化、专业化这"四化"时，我主动提出申请，辞去了机砖厂厂长职务，成了一名普通职工。当时，农场领导、砖厂同事，甚至我的家人都很不理解我"放着好好的厂长不当，偏要去当一个普通工人"。有的人还笑话我"脑子有问题"。我心里自然很明白这件事的利害得

失，但我考虑到自己没有上过学，没有文化，从长远发展看难以适应新形势的要求。"没有金刚钻，别揽瓷器活"，最终，我还是顶着各方的压力辞去了机砖厂厂长职务。后来，当时在砖厂厂长位置的同志不仅转为国家正式干部，还被定为正科级干部。有人问我："后悔吗？"我说："不后悔！人不能光为了自己，我要办老实事。这件事，对我个人是有一些损失，但对农场、机砖厂的长远发展是有利的，毕竟事业要靠年轻人、靠有本事的人去干。"

信条三：做老实人。老实人不会吃大亏。中国人喜欢玉，是因为玉的外表温润，内里坚硬，像正人君子的为人。君子温润如玉，做人有温度，做事有硬度。做人要坚持原则，公道正派，守真、守正、讲理，任何时候都要行得端、走得正，不仰人鼻息、不看人脸色，做符合真理的事、做遵纪守法的事、做符合政策的事。有的时候还要有一股子敢于碰硬、不怕得罪人的劲，宁为玉碎，不为瓦全。1985年我受

2021年5月，金国忠和儿子、女婿、侄子在汉中

伤后，矿上安排我当仓库保管员。每天入库出库的物资不计其数，入库出库的雷管、炸药也是很多。当时，有人就给我出主意："你家里人多，经济条件差。仓库每天入库出库这么多东西，你拿走几样，悄悄卖给周围那些煤窑，换两个钱补贴家用，谁还盯着不成？"更有一些小煤窑的包工头私下里向我提出要低价买雷管、炸药。对这些，我都义正词严地拒绝了。我宁愿靠正当渠道搞搞养猪、种菜、拣煤等家庭副业，也绝不干那种伤天害理的缺德事。我对他们说："人穷志不短，公家的便宜我不占，即便是一截铁丝，我都不会动的。"更何况我还是一名共产党员，更不能干那种违反组织纪律、党纪国法的事。

正是因为我在为人、处事、干工作中，都坚持了"说老实话，办老实事，做老实人"的原则，才让我不论是在老家农村，还是在简泉农场、机砖厂、煤矿都有一个好的口碑，连年多次被评为"优秀共产党员""先进工作者"。这不仅是组织上对我工作的肯定，更是大家对我人品的认可。我很看重这一点。

退休后，我从电视新闻上时常看到，有的党员、领导干部、公职人员因为不守小节，贪污受贿，最终身陷囹圄，遭受牢狱之灾，导致妻离子散、家破人亡，教训很惨痛。我经常对几个子女说："自古以来，人为财死，鸟为食亡。君子爱财，取之有道。人的名誉比钱财重要。不是自己的，千万不要伸手，不义之财要不得。一定要守住清正廉洁这条底线，绝不能在钱财问题上犯错误、栽跟头。"

家风家教

▼

————————

人们常说"国有国法，家有家规"。家风家教是一个家庭的行为规范，是家庭道德素质的反映，也是家庭文化涵养的体现。中国人自古就很重视家风家教。"修身、齐家、治国、平天下"是中国传统文化倡导的一种至高境界和理想追求。"忠厚传家家长久，诗书继世世代香。"一个家的门风、家教很重要，这关系到一个家庭、家族的团结和睦、幸福安康，也关系到一个家庭、家族的乡语口碑、人才培养。

我的家庭是个普通家庭，从我的祖上五代算起，可以说没有出过什么人才，甚至连读书人都很少。尽管如此，我们家对良好家风的建设和传承从未放弃，对读书学习的向往从未停

2012年春节，金国忠夫妇给儿孙发压岁钱

止。过去小的时候，就曾听老人教导，"积善门中生贵子，读书堂内出贤人"，要"立志、明德、笃学、敦行"，"忠孝继世、耕读传家"。我父亲虽然没有念过书，白丁一个，但

2017年夏，金国忠在银川市金凤区朗诗台家中

他走南闯北，见多识广，深知读书的重要性。他常说："家贫皆因不读书。我家几代人吃苦受罪，都是没读书、不识字的原因。治贫先治愚，想要翻身，一定要先立志读书。"1954年，他"填穷坑、造新屋"的举动，足以表明他立志改变家庭命运的决心。我的几个孩子出生后，他曾多次和我说过："娃娃读书事大。家里再穷，也要想方设法供娃娃读书，这是改变家族命运的根本途径。"

几十年来，我们牢记祖辈的教导，一刻也没有放松过家风建设。2000年，我和家人总结祖上的家教家风，还结合新时代的新要求，专门撰写了《齐家要训》，教育家人要谨遵家训，涵养家学，恒守家道，弘扬家风，以期深厚家学、殷实家业、亲睦家人、端正家风、永昌家道。我们倡导和建设的家风大体包括五个方面。

一是敏而好学、积极上进。知识改变命运，学习创造未来。修身莫如养性，至乐莫过读书。昔囿于经济窘困，族人专注谋生，重于农耕，疏于读书，以致白丁满门，鲜有书生。数辈贫穷，因愚而致。穷则思变，治贫必先治愚，治愚必先读书。自炳祥公始，填坑

造屋，许下宏愿："凡我金姓族人，当发奋读书，励志成才，根除愚昧，以高门第。"历三代努力，始有改变。但入高等学府者不足十数人，多数学业半途而废，实为可惜。尝闻人言：非学无以明志，非学无以立德，非学无以增智，非学无以广才。知书方可达理，学习才能进步。不学无术只能浑浑噩噩，碌碌无为，空活人世。金氏后人当继先人宏愿，发奋读书，终身学习，多些书卷气，少些粗鲁劲，唯此方能立稳脚跟，有所作为。青年后生，尤要志存高远、好学上进，读万卷书、行万里路，开阔眼界、开阔胸襟，明人生真谛，谋一生幸福，担家国责任。

二是多谋长远，克勤克俭。历览前贤国与家，成由勤俭败由奢。唯勤唯俭可以兴旺，奢侈安逸必定败家。一勤天下无难事。俗语所言"富不过三代"者，皆因贪图享乐、好吃懒做、不思进取、坐吃山空，以致家道衰败。古人云："一粥一饭，当思来之不易；半丝半缕，恒念物力维艰。"克勤克俭，细水长流，才可持久；放眼长远，苦心经营，方能兴家。俗语言："吃不穷，穿不穷，计划不到一世穷。"居家过日子，宜精打细算，忌铺张浪费。大手大脚，必定入不敷出，家露败象。吾族人宜谨记：戒赌戒淫戒奢戒懒，不赌博、不铺张、不酗酒、不折腾、不懈怠。有时当想无，富时当念贫，安时当思危，宠时当思辱，唯有勤俭持家，方可家道永昌。

三是孝悌家人、和睦亲友。积善之家必有祥瑞，孝悌之家必出栋梁。家和万事兴，家散万事空。家和者必父慈母宽、兄友弟恭、妻贤夫敬；事顺者必为人和善、家庭和睦、人际和谐。吾族人须谨记：孝敬长辈、爱护幼弱、友爱家人、和睦邻里、亲善友朋，养和悦雍容气象，树和善孝悌家风。有钱多去买些书，枕上常翻翻；有空家人多联系，思想常谈谈；父母膝前多问候，回家常看看；兄弟姊妹多关怀，上门常转转；家族大事多出力，家训常念念。每年联系一次族人，每季问候一次

2012年冬，金国忠在家中看孙子绍鹏练习书法

兄长，每月看望一次父母，每天内省一次自身。族人婚丧嫁娶、修谱上坟一定参加，家中父母寿诞、逢年过节一定回家，族中长辈做寿、晚辈中榜一定祝贺。

四是忠厚继世，诚实守信。《易经》云："天行健，君子以自强不息；地势坤，君子以厚德载物。"德高名自远，心宽福寿长。做人务以诚信为本、忠厚为要。待人接物宜坦率诚恳，信守诺言。施

2016年春节，全家福

惠勿念，受恩莫忘，知恩图报。无害人之心，无伤人之言，好善乐施、扶贫济困。不贪图钱财，不嫌贫爱富，不见利忘义，不唯利是图。不以善小而不为，不以恶小而为之。不轻易许诺，若许诺则应人之事，宜尽力而为；不随意借钱，若借钱则欠人钱财，当及时归还。不要嘴皮子，须知言多必失，祸从口出；不占小便宜，须知便宜是祸，吃亏是福；不贪不义财，须知贪得无厌，受累终生。谨言慎行，方可不招祸端；厚德诚信，才能一生平安。

2017年秋，金国忠夫妇和两个女儿在银川花博园

五是踏实做事，安分守己。天下无难事，只怕有心人。天下难事必做于易，天下大事必做于细。"不积跬步，无以至千里；不积小流，无以成江海。"做事宜有专心、耐心、恒心，切忌眼高手低、好高骛远。认准之事要从点滴做起，专心致志，心无旁骛。见异思迁、心浮气躁，必定半途而废、一事无成。坚持不懈，方成大事；持之以恒，定会成功。族中后生少年须牢记：少年不用功，到老一场空。"少壮不努力，老大徒伤悲。"三百六十行，行行出状元。岗位可以平凡，人生不能平庸。无论从政、治学、做工、经商、务农、从军，均应遵规守法、安分守己、脚踏实地、专心做事，干一行爱一行、钻一行精一行，不叫一日闲过，唯有如此，方能成长成才，不虚度人生。

我的愿望

路是走出来的，事业是干出来的，成功是奋斗出来的。人生如白驹过隙，弹指间几十年就过去了。抚今追昔，不由得让人心生感慨。人们常说，"凡是既往，皆为序章。""往者不可谏，来者犹可追。"过去的已经过去，未来依然可期。关键是要登高望远、把握现在、努力奋斗，去开创美好的未来。如今我虽然老了，但人老精神在。作为一名老共产党员，我要不忘初心、牢记使命，对得起党和国家多年来的培养教育，对得起胸前这枚沉甸甸的"光荣在党50年"纪念章，更要活到老，学到老，老有所乐、老有所为。

我的愿望：

一是祈盼国运昌盛，繁荣富强。我生在旧社会，长在新中国，经历过新旧两个社会，亲自参与并见证了新中国的建设、改革和发展，也深切体会到国家安定团结、繁荣昌盛对于每一个家庭、每一个人的极端重要性。有国才有家，国家好，家庭才会好，这是一个再浅显不过的道理。身为一个中国人，看到我们国家在中国共产党

2009年1月，金国忠夫妇在北京八达岭

的领导下，全国人民万众一心，共谋民族复兴大业，这些年来经济社会飞速发展，所取得的成就举世瞩目，所发生的变化翻天覆地，我感到由衷的自豪和骄傲。我们要永远热爱自己的国家，跟着共产党，为实现中华民族伟大复兴的中国梦贡献自己的绵薄力量。

二是祈盼家族兴旺，家道永昌。在旧社会，我们家境贫寒，生活艰难。新中国成立后特别是改革开放以来，我们家和中国千千万万个家庭一样，过上了幸福美好的生活。国运兴，家运才兴。正是国家的改革发展、繁荣昌盛，才给了我们每一个家庭、每一个人发展、成长的良机。这是大前提，更是必备条件。有了这样好的条件，我们要倍加珍惜，珍惜这来之不易的一切，珍惜幸福美好的生活；更要发扬艰苦奋斗的精神，保持勤俭节约的传统，牢记忠厚继世、耕读传家的祖训，弘扬优良家风，让家族的事业兴旺发达，让每个人的发展越来越好。

三是祈盼后辈努力，自立自强。幸福都是奋斗出来的，奋斗的人生最精彩。心中有信仰，前行有方向，脚下有力量。嚼得菜根，百事可为。我们的家庭能从过去的一穷二白、家徒四壁，发展到现在过上了条件宽裕的小康生活，靠的就是吃苦耐劳，靠的就是不懈奋斗。"功崇惟志，业广惟勤。""志不求易者成，事不避难者进。"

不经风雨，不成大树；不
受百炼，难以成钢。困难
挑战往往是人生的"磨刀
石"。困难越大，战胜困
难后取得的成绩就越大；
挑战越多，克服挑战后练
就的本领就越强。我希望
家里的年轻人要从小树

2008年夏，金国忠的孙子、孙女在甘肃景泰

立远大理想，志存高远、脚踏实地，刻苦学习、勤奋读书，磨炼意
志、砥砺品行，见贤思齐、奋发有为，自立自强、积极向上，真正
养成从严律己的好习惯，学到安身立命的真本领，争做奉献社会的
有用之才。

　　四是祈盼家庭和睦，幸福安康。家庭是社会的基本单元和细
胞。家和万事兴，家和社会稳。我们家虽然经济条件有限，但家里
人总是能够孝老爱幼、相互理解、相互体贴、相互帮助，一家人也
算是和和睦睦、其乐融融。在当今物质生活极为丰富的时代，精神
生活就显得尤为重要。一个家庭想要做到父慈母贤、兄友弟恭、妻
贤夫敬、和睦融洽，需要更多的书香熏陶、文化涵养、家风传承，
也需要更多的相互尊重、互谅互让、理解包容。我祝福我的家人
们，永远相亲相爱、快快乐乐、健健康康、平平安安。祝愿我的家
族人丁兴旺、子孙绵延。

　　"风雨多经人不老，关山初度路犹长。"东风不破少年梦，一生
常怀赤子心。我们每一个人永远都不要忘了初心，永远要记着"幸
福是奋斗出来的，奋斗的人生最精彩"，以时不我待、奋发有为的精

神状态，只争朝夕，不负韶华，走好人生每一段路，努力去创造无愧于国家、无愧于先人、无愧于家族、无愧于人生的精彩和荣光。

贺兰岢然

长河不息

2021年7月于银川朗诗台

后 / 记

　　重视家庭家教家风建设，历来是中华民族的传统美德。党的二十大报告强调，"提高全社会文明程度。实施公民道德建设工程，弘扬中华传统美德，加强家庭家教家风建设，加强和改进未成年人思想道德建设，推动明大德、守公德、严私德，提高人民道德水准和文明素养。"这本记录我们这个普通家庭家教家风的书能在党的二十大胜利闭幕不久出版面世，真可谓正当其时，也是我们全家的无上荣幸。

　　回顾这本书的编写起因、文字整理、资料收集、编辑审核、出版印制过程，感慨良多。

　　我们的家庭是一个普通工人家庭，我们的父母也都是普通工人。往上数三代，都是农民。虽然家庭普通，但对家教家风却很重视。从小我们就常听父母讲过去的故事，讲做人的道理，讲祖辈父辈艰辛奋斗的历程，讲生活工作中遇到的好人好事。耳濡目染时间久了，我们对做人做事的道理日渐明晰，对家教家风的传承更加自觉，对父母的孝顺与日俱增。

　　我们家有个习惯，那就是经常召开家庭会议。小的时候是听父母苦口婆心地教我们刻苦读书；青年时是听父母不厌其烦地教我们为人处世；参加工作后是听父母耳提面命地教我们努力工作；结婚生子后又常听父母反复叮咛家庭和睦；到如今我们都已是过了"知天命"之年的人了，每次回家，父母仍时刻提醒我们遵纪守法……

父母的教诲没有什么大道理，都是些浅显直白的叮嘱。诸如，要做个好人、做个对国家对社会有用之人；要珍惜光阴、一寸光阴一寸金；要勤俭节约、艰苦朴素；要与人为善、助人为乐；要敬老爱幼、和睦亲邻；要诚实守信、说老实话、办老实事、做老实人；等等。对父母的言传身教、良苦用心，我们听在耳中、记在心上，更是力求体现在实际行动中。说实话，对父母年年月月的"唠叨"，我们最初有些不耐烦，但时间久了，听不到父母的"唠叨"反而觉得生活中缺了点什么，还想再听。于是，常回家看看、听父母的"唠叨"成了我们习以为常的"规定动作"。

近几年，随着父母年岁的增大，听父母讲家史家风也成了每次家人相聚时的必谈话题。听得多了，我们兄妹便萌生了整理家史家风的想法。一则可以记载成文、传于家人；二则也算是对父母尽的一点孝心。于是父母每讲一次，我们便记录整理一点，慢慢积少成多、连缀成篇，竟也达到了数万字的规模。

起初只想着作为家庭档案留存，并未想出版成书。后因友人见到，说内容挺好、很有意义，建议向杂志社投稿刊发。在友人的鼓励下，我们试着向《黄河文学》编辑部投稿，不想竟于2021年第11期刊登。这对我们全家都是极大的鼓舞。后又经友人推荐，山东教育出版社表示愿意出版此书，把一个普通人的家庭家教家风介绍给更多的读者。

　　自2021年7月书稿送出版社审核编辑以来，山东教育出版社的张虎同志和他的同事们对文字和图片反复校核，一遍又一遍，不厌其烦，费了不少心血。从他们多次就书稿内容的修改与我们的沟通中，我们都能深切地感受到他们那种高度负责、严谨认真、精益求精的工作态度。对此，我们深表敬意和感谢。

　　就在此书即将出版之际，我们又抱着试一试的想法，冒昧地邀请《黄河文学》的名誉主编、宁夏文联主席、宁夏作协主席郭文斌先生为此书作序。他竟在手头任务繁重的情况下欣然应承，并很快成文，令我们非常感动。郭文斌先生对弘扬中华优秀传统文化极为重视，并身体力行大力传播。他的《寻找安祥》《农历》《吉祥如意》《解读〈弟子规〉》等著作都充分体现了这一点。他的鼓励和支持，无疑为此书增色不少，更为倡导培育优良家教家风起到积极的促进作用。在此，我们的父母和家人们深表敬意和感谢。

　　此书的出版若能为家庭家教家风建设做点贡献，对读者有所帮助，那将是我们莫大的荣幸。由于我们才疏学浅、水平有限，此书难免有纰漏之处，敬请广大读者批评指正。

金红霞、金万江

2022年10月26日